中 国 城 市 生 态 园 林 规 划 与 建 设 技 术 发 展 丛 书

城市森林生态系统服务价值评估研究

——以上海（2013年度）为例

郝瑞军　张桂莲　主编

中国林業出版社

图书在版编目(CIP)数据

城市森林生态系统服务价值评估研究：以上海（2013年度）为例 / 郝瑞军，张桂莲主编. -- 北京：中国林业出版社，2021.2
（中国城市生态园林规划与建设技术发展丛书）
ISBN 978-7-5219-1093-3

Ⅰ.①城… Ⅱ.①郝… ②张… Ⅲ.①城市林—森林生态系统—服务功能—研究—上海 Ⅳ.①S731.2 ②S718.56

中国版本图书馆CIP数据核字(2021)第053536号

中国林业出版社·建筑家居分社

责任编辑：樊　菲

出版　中国林业出版社（100009　北京市西城区德胜门内大街刘海胡同7号）
网址　http://www.forestry.gov.cn/lycb.html
电话　（010）8314 3610
发行　中国林业出版社
印刷　北京博海升彩色印刷有限公司
版次　2021年2月第1版
印次　2021年2月第1次
开本　1/12
印张　12.67
字数　230千字
定价　128.00元

本书编写委员会

主　　编：郝瑞军　张桂莲

副 主 编：仲启铖　贾　利　杜华强

编写人员（以姓氏笔画为序）：

马　薇　王文进　王玮红　石　杨　邢璐琪　朱　义

仲启铖　刘海波　许洺山　杜华强　李跃忠　吴云昌

吴昌田　沈烈英　宋　晴　张　浪　张桂莲　林奕成

易　扬　郑思俊　郑谐维　郝瑞军　俞元春　施昊文

贾　利　徐铭阳　陶　丹　傅　煜　潘士华　燕爱玲

戴咏梅

前　言

快速的城市化进程使全球城市人口迅速增长，据估测，到2050年，全世界将会有67.2%的人口生活在城市。城市人口的持续增长和经济的快速发展使城市硬质化地面不断扩张，城市生态环境持续恶化，大气、水体、土壤不同程度地遭受污染，噪声和热岛效应等环境问题越发明显，居民日益增长的生态需求与城市绿色生态空间不断减少之间的矛盾日渐突出。随着党的十八大将生态文明建设纳入“五位一体”总体布局，绿色、低碳、可持续发展的理念已深入人心，政府和民众的生态保护意识也在不断提高。人们越来越认识到城市生态环境的承载能力是有限的，一旦城市生态平衡失调，城市发展可能会陷入停滞不前甚至倒退的境地，同时造成城市人居生活质量的严重下降。

城市森林是在市域范围内以改善城市生态环境，满足经济社会发展需求，促进人与自然和谐为目的，以森林和树木为主体及其周围环境所构成的生态系统。城市森林是城市生态过程和生态功能的“高效转化器”，具有涵养水源、净化空气、调节气候、维持生物多样性等多种显著的生态系统服务功能，在维持城市生态安全、改善人居生活环境方面具有不可替代的重要作用。鉴于此，准确评估城市森林的生态系统服务价值，能够有效指导城市森林建设，为管理部门提供决策依据，从而最大程度地发挥其服务功能，更好地支撑城市生态文明建设。

上海作为超大型国际大都市，人口高度集中，热岛效应明显，雾霾、城市内涝等一系列环境问题频发，给城市管理者和生态环境领域科技人员带来极大的挑战。《上海市城市总体规划（2017—2035年）》明确提出建设“令人向往的创新之城、人文之城、生态之城”的“卓越的全球城市”的发展目标。在全球气候变化的大背景下，城市森林作为上海市最重要的绿色生态空间类型之一，在城市生态建设和环境保护方面将发挥越来越重要的作用。与一般森林相比，上海的城市森林特点明显：从结构上看，均属于人工林，幼中林多、林种单一、以纯林为主；从功能上看，以改善城市生态环境为目标，是城市生态网络的重要组成部分。当前，随着上海市用地资源不断紧缩，绿化造林空间越来越小，如何守住红线，保住森林存量，提高森林质量，增加单位面积森林的生态、社会、经济多重效益，成为上海市城市林业高质量发展的主要方向。

21世纪以来，上海先后编制了《上海城市森林规划》《上海市绿化系统规划》《上海市基本生态网络规划》《上海市林地保护利用规划》等一系列绿林地专项规划，大力开展城市森林建设，着力提升林地养护管理水平，连续实施了三轮林业三年发展计划。到2016年底，上海市林地面积为111 275 hm^2，森林面积为98 687 hm^2，森林覆盖率达15.56%，初步建成了“环、楔、廊、园、林”的城市国土绿化总体布局，生态安全水平不断提升，生态服务功能明显提升，“春景秋色”的生态景观逐步形成，生态文明建设取得长足进步。

为直观展示上海城市森林建设和保护成就，持续推进生态文明建设，宣传林业、宣传森林，进一步提升城市森林生态功能，科学、客观、定量地评估上海城市森林生态系统价值，成为上海市地方政府、城市建设者和社会公众共同关注的焦点。2014年，上海市园林科学规划研究院对2013年上海市城市森林的生态系统服务价值进行评估，上海市绿化和市容管理局（上海市林业局）于同年7月23日将评估结果向社会公开发布。此后，上海城市森林生态系统价值评估工作成为一项年度性、常态化工作。

本书系统评述了城市森林生态系统服务评估的理论基础、方法体系和国内外相关实践，以2013年度为例，详细介绍了上海城市森林生态系统服务价值评估的指标体系、计算方法和评估结果。本书涉及林学、生态学、经济学、社会学等学科领域，评估过程中部分引用了相关领域的现有研究成果。谨向在城市森林生态系统服务研究领域付出劳动、取得科研成果的前辈和同行们致以衷心的感谢！

城市森林生态系统服务价值评估涉及多学科内容，形成机理和影响因素复杂，目前并无通用标准，一些指标的评估方法尚处于探索阶段。与此同时，本研究中的部分评估参数需要进一步本地化和精细化，诸如此类有待后续工作进一步完善。文中恐有不少不足之处，恳请各位领导、专家、读者批评指正，以共同促进我国的城市林业发展与生态建设。

编　者

2020年8月

目　录

Urban Forest Ecosystem

第1章

绪　论

1.1
背景与意义

城市是人类生产、生活的聚集地，是经济和文化的重要发源地（Yi et al.，2016）。城市化是当今世界发展的潮流，不仅城市数量在增加，地域范围也不断扩展，甚至出现众多的城市连绵区、大都市圈等（Flores et al.，1998）。时至今日，全球2%的城市容纳了50%的人口，创造了80%以上的国内生产总值（GDP）。在我国，城市化水平由1978年的17.92%增至2018年的59.58%，预计到2030年城市人口将达68.7%（吕永龙 等，2018）。城市在为人类创造丰厚物质财富的同时，也深刻地改变了人类的地球家园。社会经济的迅猛发展和人口的持续增长使城市生态环境不断恶化，大气、水体、土壤遭受了不同程度的污染，噪声和热岛效应等问题也日益突出。这些生态环境问题严重制约了城市的可持续发展，与人民日益提高的居住环境需求背道而驰（Forman，2016；Cai et al.，2017）。随着党的十八大将生态文明建设纳入“五位一体”的国家战略，中央城市工作会议提出“转变城市发展方式，完善城市治理体系，提高城市治理能力，着力解决城市病等突出问题”的指导思想，我国城市建设已进入生态环境改善及人居环境质量提升的高级阶段。营建生态、和谐、宜居的现代化城市，增强城市的可持续性和韧性，已成为我国人居历史演进的必然趋势和城市高质量发展的时代需求。

城市森林是在市域范围内以改善城市生态环境，满足经济社会发展需求，促进人与自然和谐为目的，以森林和树木为主体及其周围环境所构成的生态系统。以城市森林为主体的城市绿色生态空间，是城市生态系统初级生产力的直接来源，具有保护和维持生物多样性、改善生态环境水平、提供游憩活动空间等一系列重要服务功能。生态系统服务（ecosystem service）是指生态系统与生态过程所形成及所维持的人类赖以生存的自然环境条件与效用（Daily，1997）。这些服务包含一系列不同类别的服务，不仅给人类提供生存必需的食物、医药及工农业生产的原料，而且维持着人类赖以生存和发展的生命支持系统。联合国千年生态系统评估（The Millennium Ecosystem Assessment，MA）项目首次较为系统地明晰了人类福祉和生态系统提供的服务之间的联系，将生态系统服务定义为人类从生态系统获取的利益，将其分为供给（提供食物、产品）、调节（维护地球生物圈的作用）、支持（为地球上的生物提供生活空间，为所有生态资源存在提供前提条件）和文化服务（提供休闲娱乐以及科研、教育、美学、艺术等方面的机会）（MA，2005）。

在众多评估和量化生态系统服务的研究和实践中，生态系统服务的价值货币化，因具有可准确计量不同类型服务价值、可直观反映服务价值大小、可直接和国民社会经济统计数据对接等优点，逐渐成为当今国内外生态系统评估研究的重点方向和生态资产评估的主要方法（De Groot et al.，2010；Costanza et al.，2017）。生态系统服务价值评估是指基于生物物理和社会经济数据、生态学、经济学和社会学等原理和方法，从货币价值量的角度来对生态系统服务进行的定量评估。其价值定量的核心方法为生态经济学理论，其中市场价值理论是开展生态系统服务价值评估研究的基础（李丽 等，2018）。

城市森林作为城市生态系统的关键有机组分，能够以基于自然的方式为城市居民提供诸多生态系统服务，对城市的可持续发展和韧性城市建设具有至关重要的作用。深入研究城市森林生态系统服务价值的评估方法，对城市森林生态系统服务的价值进行科学、准确、合理的评估，一方面，能够有效指导城市森林的规划、建设与管理，实现城市森林资源的高效利用和可持续发展，促进城市生态环境的持续改善和人居生活水平的不断提高；另一方面，能够为城市森林规划、建设、经营等工作提供抓手，为城市管理者制定促进城市可持续发展的制度和策略提供科学依据。

1.2 生态系统服务的产生与发展

1.2.1 生态系统服务的概念与内涵

1.2.1.1 生态系统服务的概念

生态系统服务的概念是基于传统理念逐步发展形成的。古希腊哲学家柏拉图及其之前的哲人已经担忧环境是否能提供足够的资源以满足不断增长的人口压力。1864年，美国学者Marsh出版的著作*Man and Nature*（《人类与自然》）中，首次抨击了长期存在的“资源无限”的错误观点（Marsh，1864）。1935年，Tansley提出了“生态系统”的概念，此后生态系统理论逐步得到了发展，人们在研究生态系统结构与功能的同时，也开始重视生态系统与人类相互关系的研究（Snelder et al.，2008）。这为生态系统服务概念的提出奠定了科学基础。

20世纪40年代，Leopold开始思考生态系统向人类提供服务的问题，提出“健康的土壤是被人类使用但其功能没有降低的土壤”的观点（张永利 等，2010）。1962年，美国海洋生物学家蕾切尔 · 卡逊发表了《寂静的春天》，给人类敲响了生态危机的警钟，人们开始从不同角度研究生态系统与人类社会之间的关系。1966

年，King等学者描述了大自然中野生动植物资源对人类社会的服务作用与价值。紧急环境问题研究组（Study of Critical Environmental Problems，SCEP）在一分专题研究报告*Man's Impact on The Global Environment*中首次使用了“服务”这个词，并列举了生态系统对人类有益的一些环境服务（SCEP，1970）。1968年，美国著名生物学家Ehrlich发表了科学著作*The Population Bomb*，描述了人类社会与自然资源和环境生态之间的关系（Ehrlich et al.，1970）。之后，Holdren et al.（1974）在环境服务清单上增加了生态系统对土壤肥力和基因库的维持，并认为这些公共服务不能被科技取代。1977年，Ehrlich等将其称为“全球生态系统公共服务”，后来逐渐演化出“自然服务”这一概念（Westman，1977）。1983年，Ehrlich提出“生态系统服务”的概念。随后，生态系统服务成为一个科学术语，得到了人们的广泛认可和普遍接受。

20世纪90年代以来，生态系统服务的研究逐渐走向高潮。1992年，Gordon Irene 的*Nature Function*一书论述了不同生态系统给人类生产生活带来的影响，成为首本系统论述自然为人类服务的著作（Gorden，1992）。1997年，Daily发表了生态系统服务研究的标志性著作*Nature's Service：Societal Dependence on Natural Ecosystems*，认为生态系统服务是指自然生态系统及其物种所提供的能满足和维持人类生活所需要的条件和过程（Daily，1997）。同年，Constanza等于*Nature*上发表了*The Value of The World's Ecosystem Services and Natural Capital*一文，指出生态系统产品和服务是指人类直接或者间接从生态系统功能中获得的收益，并且将产品和服务两者合称为“生态系统服务”（Constanza et al.，1997）。2005年，MA报告对于生态系统服务的定义基本上采用了Constanza的观点，认为生态系统服务是人们从自然系统中获得的收益（MA，2005）。这些收益包括生态系统在提供食物、水、木材以及纤维等方面的供给服务；在调节气候、洪水、疾病、废弃物以及水质等方面的调节服务；在提供消遣娱乐、美学享受以及精神收益等方面的文化服务；在土壤形成、光合作用以及养分循环等方面的支持服务。

生态系统服务评估是MA的核心，MA的工作极大地推进了生态系统服务研究在世界范围内的开展。美国生态学会在2004年提出的“21世纪美国生态学会行动计划”中，将生态系统服务科学认定为面对拥挤地球的首个生态学重点问题（Palmer et al.，2004）。2006 年，英国生态学会组织科学家与政府决策者一起提出了100 个与政策制定相关的生态学问题（共14 个主题），其中第一个主题就是生态系统服务研究（傅伯杰，2010）。

1.2.1.2　生态系统服务的内涵

对于生态系统服务的内涵，不同的学者有不同的认知，如欧阳志云 等（1999a）认为生态系统服务是生态系统与生态过程所形成及所维持的人类赖以生存的自然环境条件与效用；谢高地 等（2001）认为生态系统服务是通过生态系统的结构、过程和功能直接或间接得到的生命支持产品和服务；更多学者采用的是MA小组的定义，即生态系统服务是指人类从生态系统获得的各种惠益。虽然这些定义表述不同，但都涵盖3个方面内容，即生态系统服务对人类生存的支持作用，生态系统服务主体是自然生态系统，生态系统服务通过生态系统状况和过程体现。

生态系统服务一般指人类直接或者间接从生态系统中得到的利益，主要包括向社会经济系统输入有用物质和能量、接受和转化来自社会经济系统的废弃物，以及直接向人类社会成员提供服务（赵景柱 等，2003）。与传统经济学意义上的服务不同，生态系统服务只有一小部分能够进入市场被买卖，大多数生态系统服务是公共品或者准公共品，无法进入市场。生态系统服务以长期服务流的形式出现，能够带来这些服务流的生态系统是自然资本（欧阳志云 等，1999a）。

生态系统服务的最重要作用之一是支持生命系统，它是人类社会经济赖以生存和发展的基础。例如，固定二氧化碳、释放氧气、调节气候、净化环境、维持物质循环、保证食物生产、供应原材料、维持生物多样性、防灾减灾和提供社会文化等生态系统服务是有益于区域甚至有益于全球全人类的社会资本。从经济和社会的角度来看，生命支持系统功能属于外部经济效益。不通过市场交换，某一经济主体受到其他经济主体活动的影响，其效益有利者称为“外部经济”，如林业部门栽树水利部门受益，旅游业兴旺服务业受益；其影响无利而有害者称为“外部不经济”，如水土流失、大气污染等公害。

生态系统服务研究是当今国际生态学研究的热点，也是迄今为止生态学研究中综合性最强的研究方向。生态系统服务的形成机制研究是对经典生态学中生物多样性与生态系统功能、生态系统结构与过程等科学问题的整合，而生态系统服务价值评估进一步将生态系统与人类社会的需求和福祉相关联，从而为生态系统的保护、恢复和可持续利用提供逻辑、伦理和社会经济上的依据（傅伯杰，2010）。总体看来，生态系统服务研究正在向着机理深化、多尺度系统监测与模拟、社会–经济–自然综合评估与管理对策制定等多维方向不断发展。

1.2.2 生态系统服务的分类

生态系统服务是可以描述、测度和估价的，也可以有不同的分类，如可再生的生态系统服务和不可再生的生态系统服务。一般来讲，生态系统服务与生态系统功能有对应关系。人们从总体上将生态系统服务功能分为三大类，即生活与生产物质的提供、生命支持系统的维持、精神生活的享受。第一类是生态系统通过第一性生产与第二性生产为人类提供的直接商品或是将来有可能形成商品的部分，如食物、木材、燃料、工业原料、药品等人类必需产品；第二类是易被人们忽视的支撑与维持人类生存环境和生命支持系统的功能，如生物多样性维护、气候调节、传粉与种子扩散等；第三类是生态系统为人类提供的娱乐消闲与美学享受，如登山、野游、渔猎、漂流、划船、滑雪等。

生态系统服务是由生态系统功能产生的，但并不一定与生态系统功能一一对应。在有些情况下，一种生态系统服务是由两种和两种以上的生态系统功能所共同作用的结果，例如，生态系统所提供的水土保持功能实际上是多种生态系统功能所支撑的反应，这其中包括生态系统中的碳、氮和水等多种物质循环，这些物质循环过程又对应多种生态系统过程和能量流动。在另一些情况下，一种生态系统功能也可提供多种生态系统服务，如以自然界中氮元素和含氮化合物之间相互转换过程的氮循环为例，氮循环能够为人类提供食物产品、木材产品、气候调节、污染控制等多种生态系统服务功能（谢高地 等，2001）。自然生态系统及构成物种以其支撑和维持人类生存的条件和过程形成了生态系统对人类的服务功能，这同时也是人类社会的自然资本。自然资本与人造资本、人力资本和社会资本等，共同构成了人类社会福祉的资本基础（赵同谦 等，2004）。

1997年至今，国内外学者根据生态系统及其过程具有的不同功能，对生态系统服务进行了不同的划分（表1–1）。比较有代表性的是Costanza等人在1997年进行的分类、MA在2005年进行的分类和生态系统与生物多样性经济学（The Economics of Ecosystems and Biodiversity，TEEB）在2010年的分类等。

Costanza et al.（1997）将生态系统服务功能划分为17项，包括大气调节、气候调节、干扰调节、水调节、水供给、侵蚀控制和沉积物保持、土壤发育、营养循环、废物处理、授粉、生物控制、庇护所、食物生产、原材料、基因资源、娱乐、文化。

表1–1　国内外生态系统服务分类列举

分类来源	分类项目数量	分类项目内容
Costanza et al. , 1997	17项	大气调节、气候调节、干扰调节、水调节、水供给、侵蚀控制和沉积物保持、土壤发育、营养循环、废物处理、授粉、生物控制、庇护所、食物生产、原材料、基因资源、娱乐、文化
De Groot et al., 2002	4类23项	调节功能：大气调节、气候调节、干扰控制、水调节、供水、土壤保持、土壤形成、养分调节、废物处理、传粉、生物控制
		生境功能：生境地保存、繁殖地保护
		生产功能：食物、原材料、基因资源、医药品、装饰资源
		信息功能：美学信息、消遣娱乐、文化艺术、精神历史、科学教育
MA，2005	4类20项	供给服务：食物、淡水、薪材、纤维、生化药剂、遗传资源
		调节服务：气候调节、疾病调控、水资源调节、水源净化
		文化服务：精神和宗教、消遣与生态旅游、美学、激励、教育、地方感、文化遗产
		支持服务：土壤形成、养分循环、初级生产

（续表）

分类来源	分类项目数量	分类项目内容
Boyd et al. , 2007	6类16项	产量：管理型收获、生存维持、非管理型收获、制药
		令人愉快和满足：美学、遗产/精神/感情、存在效益
		灾害防治：健康、财产
		废物吸收：免除清理成本
		饮用水供应：免除处理成本、免除抽取和运输成本
		娱乐：捕鸟、徒步旅行、钓鱼、游泳
TEEB，2010	4类22项	供给服务：食物、水、原材料、遗传资源、药用资源、观赏资源
		调节服务：空气质量调节、气候调节、极端事件缓和、水流量调节、废物处理、侵蚀防护、土壤肥力保持和养分循环、传粉、生物防治
		栖息地服务：迁徙物种生命周期维护、基因多样性保护
		文化服务：美学信息，娱乐和旅游机会，文化、艺术和设计灵感，精神体验，认知信息发展
CICES，2017	3类17项	供给服务：生物量—营养、水，生物量—纤维、能源及其他，生物量—机械能
		调节和维护服务：气体—空气流动调节，大气组成和气候调节，空气和液体流动调节，液体流动调节，废弃物、有毒物等的调节，质量流量调节，土壤形成和组成的维持，生命周期的维持（如授粉），昆虫维持和疾病控制，生命周期维持、栖息地和基因库的保护
		文化服务：身体的相互作用、精神的相互作用、智力的相互作用
欧阳志云 等，1999b	9项	有机质的合成与生产、生物多样性的产生和维持、调节气候、减轻洪涝与干旱灾害、土壤的生态服务功能、传粉与种子的扩散、有害生物的控制、环境净化
谢高地 等，2008①	4大类14小类	供给服务：初级产品提供、淡水供给
		调节服务：大气调节、水文调节、环境净化、气候调节、废物处理
		支持服务：养分蓄积、土壤保育、防风固沙、生物多样性维持
		社会服务：休闲旅游、就业促进、文化历史科研
傅伯杰，2017	3类15项	供给服务：食物、淡水、木材和纤维、基因和生物资源
		调节服务：气候变化减缓、地区微气候调节、空气质量调节、自然灾害调节、洪水调节、侵蚀调节、水质调节、病虫害调控
		文化服务：休闲娱乐、文化遗产、文化多样性

注：①谢高地 等（2008）将生态系统服务划分为4大类14小类31项，由于篇幅有限，此表仅列举了4大类14小类，31项详见《生态系统服务的供给、消费和价值化》。

De Groot et al.（2002）参考Constanza的分类方法，将生态系统服务功能分为调节功能、生境功能、生产功能和信息功能4类23项。调节功能是指对必要的生态过程和生命支持系统的维持，主要包括大气调节、气候调节、干扰控制、水调节、供水、土壤保持、土壤形成、养分调节、废物处理、传粉、生物控制11项；生境功能是指为野生动植物提供生存空间，主要包括生境地保存、繁殖地保护2项；生产功能是指提供自然资源产品，主要包括食物、原材料、基因资源、医药品、装饰资源5项；信息功能是指为认知发展提供机会，主要包括美学信息、消遣娱乐、文化艺术、精神历史和科学教育5项。

MA（2005）从功能的角度将生态系统服务划分为供给服务、调节服务、文化服务和支持服务4类20项。供给服务是指从生态系统中获得的各种产品，主要包括食物、淡水、薪材、纤维、生化药剂和遗传资源6项；调节服务是指人类从生态系统过程的调节作用中获取的各种惠益，主要包括气候调节、疾病控制、水资源调节、水源净化4项；文化服务是指人们通过精神满足、认知发展、思考、消遣和美学体验而从生态系统中获得的非物质惠益，包括精神和宗教、消遣与生态旅游、美学、激励、教育、地方感和文化遗产7项；支持服务是指生产其他所有的生态系统服务所必需的生态系统服务，包括土壤形成、养分循环和初级生产3项。

为了用标准化的环境核算单位衡量自然生态系统对人类福祉的贡献，Boyd et al.（2007）提供了一种与各种具体利益相关的分类体系，主要从产量、令人愉快和满足、灾害防治、废物吸收、饮用水供应和娱乐6个方面划分为16个子项。其中，产量包括管理型收获、生存维持、非管理型收获和制药4项；令人愉快和满足包括美学、遗产/精神/感情和存在效益3项；灾害防治包括健康和财产2项；废物吸收包括清理成本免除；饮用水供应包括处理成本免除、抽取和运输成本免除2项；娱乐包括捕鸟、徒步旅行、钓鱼和游泳4项。Boyd et al.（2007）同时认为生态系统服务是自然的最终产物，应该区分生态系统的最终服务和产生这些服务的过程和功能（中间服务）。生态系统服务是最终服务而非中间服务，评估时应当只计算最终服务。Boyd et al.（2007）认为生态系统服务并不是人类从生态系统获得的收益本身，而是能为人类提供福祉的生态组分。这种概念包括了能被人类直接或间接利用的生态系统结构、过程或功能。

TEEB被广泛认为是遏制生物多样性丧失的可行手段（MacDonald et al.，2012）。2008年，德国和欧盟委员会发起了TEEB行动倡议，并得到了国际社会的广泛参与和支持。TEEB沿用MA的分类体系，将生态系统服务分为供给服务、调节服务、栖息地服务和文化服务共4类22项。目前，有30多个国家和地区开展了TEEB研究，对生物多样性相关政策的制定产生了积极影响，并推动了TEEB的进一步应用：在国家层面可应用于绿色经济、可持续发展和企业绿色经营模式等；在国际层面可为《生物多样性公约》等相关国际条约提供支撑（杜乐山，2016）。

在此之后，欧洲环境局（European Environment Agency，EEA ）在MA和TEEB的基础上又提出了生态系统服务的国际通用分类（Common International Classification of Ecosystem Services，CICES）框架。该分

类体系认为生态系统对人类福祉的贡献，来源于生物和非生物部分的相互作用，形成了“生态系统结构与过程–功能–服务–收益–价值”的级联框架，将生态系统服务分为供给服务、调节和维护服务、文化服务3类17项（Haines–Young et al.，2010）。

国内方面，欧阳志云 等（1999a）提出了生态系统服务功能可以包括有机质的合成与生产、生物多样性的产生和维持、气候调节、洪涝与干旱灾害的减轻、土壤的生态系统服务功能、传粉与种子的扩散、有害生物的控制和环境净化8类。

谢高地 等（2008）根据中国民众和决策者对生态系统服务的理解状况，将生态系统服务重新划分为供给服务、调节服务、支持服务和社会服务4个一级类型以及其下的14个二级类型、31个三级类型。其中，供给服务包括初级产品提供和淡水供给2小类；调节服务包括大气调节、水文调节、环境净化、气候调节和废物处理5小类；支持服务包括养分蓄积、土壤保育、防风固沙和生物多样性维持4小类；社会服务包括休闲旅游、就业促进和文化历史科研3小类。

傅伯杰 等（2017）依据中国生物多样性和生态系统服务的特点，在充分考虑“生物多样性–生态系统结构–过程与功能–服务”级联关系基础上，借鉴CICES框架，将生态系统最终服务划分为与人类福祉直接相关的健康、安全、生产要素和自然多样性4个类别。最终构建的生态系统服务指标体系包括供给服务、调节服务和文化服务3类。其中，供给服务包括淡水、食物、木材和纤维、基因和生物资源4项；调节服务包括气候变化减缓、地区微气候调节、空气质量调节、自然灾害调节、洪水调节、侵蚀调节、水质调节和病虫害调控8项；文化服务包括休闲娱乐、文化遗产、文化多样性3项。

总体来看，根据研究尺度、研究目的、对生态系统服务概念和内涵的解析等，生态系统服务可以有多种分类方法，关键取决于影响福祉变化的因素，只要能为人类福祉作贡献的都应属于生态系统服务（Costanza et al.，1992）。随着对生态系统服务产生机理及其与生态功能关系认识的不断深入，目前学术界普遍认为支持服务是通过维持重要的生态过程或功能来间接为人类的福祉服务，但因其本身并不为人类直接享用，并不是最终的生态系统服务，在进行经济价值的核算时包含支持服务可能会重复计算（Constanza et al.，2017）。因此，从TEEB（2010）起，逐渐用生境服务取代支持服务这一类别，强调生态系统对提供栖息地的重要性，适用于为迁徙物种提供生境和基因库“保护”。目前，进行生态系统服务价值核算时，通常包括供给服务、调节服务和文化服务3个大类。

1.2.3 生态系统服务价值研究进展

生态系统服务价值（ecosystem service value，ESV），是用经济法则对生态系统的服务和自然资本所做的估计。经济价值是指在严格的经济条件下对服务的总的支付意愿或对其损失的补偿，货币化后的价值直观且易于被接受，更适合核算基于人类偏好的价值。为确定生态系统服务的经济价值，需要基于基础生态学的研究与观测，对生态系统的结构、过程和功能及其机理进行深入定量了解，即有赖于对生态系统服务功能的产生机理和影响机制的进一步研究，从而为生态系统服务量及其价值量的估算提供可靠的生态学基础。

1.2.3.1 国外生态系统服务价值研究现状

1997年，Costanza等12位科学家首次尝试从全球尺度上全面评估生态系统服务价值，他们分别用货币形式对10种不同生物群区和17种生态系统服务类型进行了测算，结果显示全球生态系统服务价值平均为33万亿美元/年，是当年全球国民生产总值（GNP）的1.8倍（Costanza et al.，1997）。这一学术成果刊发后，引起了国内外的广泛关注。尽管该项研究对生态系统服务价值评估的精确程度较低，但却为更大区域的生态系统服务价值评估提供了参考，并掀起了生态系统服务价值研究的热潮。同年，Pimentel et al.（1997）根据相关研究结果及部分生态系统服务的单价评估了全球和美国生物多样性的价值，涉及服务包括废物处理、土壤形成、氮固定、化学物质生物分解、作物繁殖、牲畜繁殖、生物技术提供、害虫生物控制等，总价值分别为2.93×10^{12}美元（全球）、3.19×10^{11}美元（美国）。

Boumans et al.（2002）在现有的自然和社会动力学全球模型的基础上，基于Stella软件建立了全球生物圈综合模型（global unified meta–model of the biosphere，GUMBO），该模型能够模拟全球尺度的社会、经济和生物物理之间的复杂、动态的内在联系。Boumans et al.（2002）利用该模型模拟了碳、水和养分在大气圈、岩石圈、水圈和生物圈的流动。评估结果得出，2000年全球生态系统服务价值是1.8×10^{14}美元，为当年世界总产值（GWP）的4.5倍。此外，MA小组定期开展的全球尺度以及33个区域尺度的“生态系统与人类服务”研究，阐述了人类可从生态系统中获得的收益，是迄今为止世界上规模最大的此类评估工作，是人类首次对全球生态系统的过去、现在及未来状况进行的评估，并据此提出了相应的管理对策。

2010年，联合国TEEB基金组织提出了生物多样性与生态系统服务价值评估、示范和政策应用的综合方法体，通过经济手段为生物多样性相关政策的制定提供了理论依据和技术支持，这是继MA之后又一项重要研究。当前，对生态系统服务价值的系统性评估研究已成为国际上生态学研究的前沿和热点。

1.2.3.2 国内生态系统服务价值研究现状

我国生态系统服务的研究工作起步相对较晚。1999年，李金昌出版了《生态价值论》一书，以环境价值特别是生态价值的量化为主，对环境的整体价值、有形实体价值、无形价值和各种生态功能的价值，分别进行了论述并提供了可操作性强的计量方法。同年，欧阳志云 等（1999b）对中国陆地生态系统服务进行了评估研究，得出我国陆地生态系统服务的经济价值为148亿元人民币/年。

陈仲新 等（2000）按中国的自然地理状况，把中国划分为10类陆地生态系统和2类海洋生态系统，并参照Costanza et al.（1997）的分类方法、经济参数与研究方法，对中国生态系统的功能与效益进行了价值评估。赵景柱 等（2003）对世界13个国家的海岸带、热带林、温带北方林、草原牧场、潮汐带红树林、沼泽泛滥平原、河湖、农田等生态系统给人类提供的各项服务价值进行了比较，发现加拿大各类生态系统服务功能的价值最高，为3.60×10^{13}元/年（以2013年汇率为准），美国、巴西分居第2和第3位，中国居第6位。谢高地 等（2003）以Costanza et al.（1997）对全球生态系统服务价值评估的部分成果为参考，综合对我国专业人士进行的生态问卷调查结果，建立了中国陆地生态系统单位面积服务价值表，并估算了青藏高原不同生态资产的服务价值，结果显示青藏高原生态系统的生态系统服务价值为9.36×10^{11}元/年。

毕晓丽 等（2004）以国际地圈生物圈计划（IGBP）所提供的1 km^2分辨率土地覆盖分类数据和Costanza提出的生态系统服务价值评估体系，对中国陆地及各省（自治区、直辖市）的生态系统服务价值进行了评估；结果表明中国陆地生态系统服务价值为40 690亿元，这与陈仲新 等（2000）的研究结果趋势基本一致，表明当时中国社会经济的进步与生态环境的可持续发展之间存在严重的脱节。何浩 等（2005）在对生态参数遥感测量的基础上，计算了中国陆地生态系统2000年的生态系统服务价值，结果表明，中国陆地生态系统的生态系统服务价值为9.17×10^{12}元/年，总体空间分布由东向西递减、由中部向东北和南部递增，与植被的地带性分布梯度基本一致；森林的平均单位面积价值最高，为18 789元 $\cdot hm^{-2}$，占总生态系统服务价值的40.80%；在多种生态系统服务功能中，气体调节价值的贡献率最大。该研究采用的生态遥感测量方法克服了传统生态统计方法以点代面的缺点，计算结果能更加客观地反映生态系统服务价值及其空间分布，但该方法本身存在一定的不确定性。

为了认知生态系统服务价值和净价值（NES）的差异，改进生态系统服务评价方法，曹世雄 等（2018）在生态系统服务价值研究的基础上，评估了1952年以来中国大陆主要生态系统（包括农田、草地、林地和湿地）服务净价值及其变化。结果表明：中国陆地生态系统年均服务净价值为10.0×10^{3}元 $\cdot hm^{-2}$，为服务价值的35.1%；草地生态系统服务净价值最低，为-0.7×10^{3}元 $\cdot hm^{-2}$；中国大陆农田、草地、林地和湿地2014年实现生态系统服务净价值7.2×10^{12}元，占全国国民净收益（居民可支配收入与政府收入的总和）25.6×10^{12}元的27.0%。

1.3

城市森林及其生态系统服务价值评估

1.3.1　城市森林的概念和范畴

1.3.1.1　城市森林的概念

“城市林业”的概念最早起源于19世纪末的美国，直到20世纪60年代，随着相关行业的发展和对城市森林价值及作用认识的逐渐提高，这一概念得到了广泛应用。1965年，加拿大多伦多大学的教授Erik Jorgensen开设了城市森林的课程，首次正式使用了“城市林业（urban forestry, UF）”这一概念（吴泽明 等, 2002；沙琢, 1990）。城市森林将城市和森林这两个看似矛盾的事物联系在一起，可以说是两种不同生态过程相互融合而形成的一种特殊的森林类型。目前，国内外学者虽已开展了一系列针对城市森林的研究，但对这一概念的提法尚有不同。

美国对城市森林的研究比较早，一些学者从定量和定性的角度提出了城市森林的概念。Grey et al.（1978）认为，城市森林包括行道树、公园、街区游园及住宅区的所有树木，它是城市环境的重要组成部分。Rowantree（1984a，1984b）指出，如果某一地域具有5.5～28 $m^2 \cdot hm^{-2}$的立木地径面积，并且有一定的规模，那么它将影响风、温度、降雨和动物的生活，该区域可被称为城市森林。Gobster（1994）把城市森林定义为“城市内及人口密集的聚居区周围的所有木本植物及与其相伴的植物，是一系列街区林分的综合。”《2019—2024年加拿大城市森林战略》将城市森林定义为“从城市核心到城乡边缘地区的树木、森林、绿地，以及相关的非生物、生物和文化成分。”

可以看出，国外一般将城市森林定义为城市内以及城市周围的林木、树木和相关的植被，包括城区的、近郊的和远郊的对城市环境产生显著影响的所有植被。北美地区通常认为城市森林不同于一般意义上的森林，其包含城市内的所有树木，且注重对散生树木的生态功能和经济、社会价值的研究。而在欧洲一些国家，比如英国、德国、芬兰，城市周围大多拥有大面积森林且得到了适宜保护，自然或近自然森林在城市范围内得以保留；同时，这些国家城市气候条件相对较好，土地利用以畜牧业为主，他们所认为的城市森林范围主要是城市郊区的森林或城市内部比较大的林地。

我国学者对城市森林概念的提出相对较晚。王木林 等（1997）认为，城市森林是指城市范围内与城市关系密切的，以树木为主体，包括花草、野生动物、微生物组成的生物群落及其中的建筑设施，包含公园、街头和单位绿地、垂直绿化、行道树、疏林草坪、片林、林带、花圃、苗圃、果园、菜地、农田、草地、水域等绿地。张庆费 等（1999）认为，城市森林是建立在改善城市生态环境的基础上，借鉴地带性自然森林群落的组成、结构特点和演替规律，以乔木为骨架，以木本植物为主体，艺术地再现地带性群落特征的城市绿地。刘殿芳（1999）认为，城市森林本身的含义可理解为生长在城市（包括市郊）的、对环境有明显改善作用的林地及相关植被，是指具有一定规模，以林木为主体，包括各种类型的森林植物、栽培植物和生活在其间的动物、微生物，以及它们赖以生存的气候与土壤等自然因素的总称；城市的园林、水体、草坪、生长植物的其他开放地域均应纳入城市森林总体，城市森林是一个综合体现自然生态、人工生态、社会生态、经济生态和谐统一的庞杂的生物体系。宋永昌（2004）将城市森林定义为“市域范围内以改善生态环境，实现人和自然协调，满足社会发展需要，以树木为主的人工或自然生态系统，其主体应是近自然森林生态系统。”汤振兴 等（2007）认为，城市森林是指在城市及其周边范围内以乔木为主体，达到一定的规模（面积应大于0.5 hm^2）和覆盖度（10%以上），能对周围的环境产生重要影响，并具有明显的生态价值和人文景观价值等价值的各种生物和非生物的综合体。

2012年，《国家森林城市评价指标》（LY/T 2004—2012）将城市森林统一界定为：“在市域范围内以改善城市生态环境，满足经济社会发展需求，促进人与自然和谐为目的，以森林和树木为主体及其周围环境所构成的生态系统。”至此，城市森林这一概念在我国林业系统里有了较为明确的规定。

1.3.1.2　城市森林的范畴

对于城市森林的范畴和类型，目前学术界并无统一标准。就城市森林的空间范围而言，有两方面的认识：一是指城市行政管辖范围，习惯上指大、中城市的市区和近郊、小城市所在镇的范围；二是根据概念界定的范围，包括具有生态景观功能，以及在物质能量方面与城市存在稳定交流的林地。由于两者进行范围划分的出发点不同，因而最终的范围界定并不一致，绝大多数情况下后者所划分得到的城市森林空间范围大于前者。另有其他关于空间范围的研究认为，城市森林所涉范围广阔，与城市行政管辖范围并不一致。目前，国内外大多研究认为，城市森林空间范围应该涵盖城市建城区、城乡接合部、近城郊和远城郊等不同空间梯度。

北欧一些国家和地区将城市区域内的绿色植物定义为城区森林，将卫星城镇的树木定义为近郊森林，将更远范围内的自然保护区和风景林定义为远郊森林；日本专家认为城市森林包括城市公园、市区环境保护区、道路和河流两岸的绿化、机关企业等专用绿地、居民区美化绿化和主体绿化等公用绿地，以及城郊环境保护林、自然休养林、森林公园、城市近郊林及农林畜水产生产绿地。各国对城市森林空间范围的界定标准也不一样。瑞典规定距市中心30 km以内的林地为城市森林；美国和有些欧洲国家认为由市内乘汽车或骑自行车旅游，当日能往返的距离范围内的林地为城市森林。

在国内，王成 等（2004）首先分析了界定城市森林范围的3种方法，即城市森林类型界定法、行政区界定法和距离界定法。城市森林类型界定法是由城市森林概念派生而来，有3种范围划分方法：一是城市建成区地段内的森林类型范围的累加，二是建成区和近郊城市森林类型范围的累加，三是建成区、近郊和远郊城市森林类型范围的累加。行政区划界定法从管理范围界定城市森林范围，虽不完全符合城市森林建设需要，但便于政府协调土地的使用。距离界定法界定的城市森林范围，就是指由市区内出发，借助汽车、单车等交通工具当天可往返的森林风景区或森林公园。此外，王成 等（2004）还进一步划分了城市森林的3个基本范围，即随着城市影响力的减弱或“城市度”的渐次降低，将城市森林划分为3个层次：一是处于城市中心的建成区森林，二是近郊城乡交错带的近郊森林，三是远郊的远郊森林。

1.3.1.3 我国城市森林的发展历程

我国的城市森林建设始于20世纪80年代，主要以“城在林中，林在城中，居在绿中”的规划理念进行新的景观改造。1989年，中国林业科学研究院开始研究国外城市林业发展状况，并于1994年设立国内最早的城市林业研究机构——城市林业研究室；同年，中国林学会成立了城市森林研究会；1995年，中国林学会城市森林分会正式成立。自2004年起，全国绿化委员会、国家林业局启动了“国家森林城市”评定程序，并制定了《“国家森林城市”评价指标》和《“国家森林城市”申报办法》。当年，贵阳市成为首个获得“国家森林城市”称号的城市。2016年8月，国家林业局发布了关于《国家森林城市称号批准办法》（征求意见稿）公开征集意见的通知。国家森林城市，是指城市生态系统以森林植被为主体，城市生态建设实现城乡一体化发展，各项建设达到一定指标并经国家林业主管部门批准授牌的城市。2019年，《国家森林城市评价指标》（GB/T 37342—2019）发布并实施。

2004年11月，作为国家森林城市建设试点，长春市率先开展了城市森林建设，随后上海、北京、天津、沈阳、大连、合肥、中山、珠海、南京等城市先后制定并实施了城市森林建设规划，大规模城市森林建设在国内展开。城市森林建设正成为绿化规划的趋势之一，许多城市采取城郊结合、森林园林结合等方式，进一步扩大城市绿地面积，积极开展生态大园林道路探索。例如，《南京市加快推进生态文明建设三年行动计划（2015—2017年）》提出，严格保护开敞空间内的山林、水体、湿地、人工防护林等，加快生态廊道建设，构建“一带、两廊、四环、六楔、十四射”绿色开敞空间结构，确保都市区内绿色开敞空间（含水域）不小于总面积的70%。上海作为人口高度密集的大都市，城市热岛效应极为明显，夏季市中心温度比郊区高4～5 °C。为解决该问题，自20世纪90年代开始，上海在绿地系统规划中逐步明确了“环、楔、廊、园、林”的绿地系统布局结构，确定了环城绿带的规划和建设目标，历经3个五年计划，建成了超过3 000 hm^2的绿地，为上海市民提供了更为丰富的休憩活动场所，提高了居民生活质量、提升了城市环境与安全水平，对稳固上海作为国际大都市的战略地位发挥了重要作用。截至2019年，我国国家森林城市已达194个[①]。

由于受到人类活动的强烈影响，城市森林不同于一般的自然生态系统，但是其生态系统服务的属性却并未发生根本性的改变。相反，因城市森林与人类的生活和生产活动更加密切，其生态系统服务的重要性愈加明显，人们对城市森林功能的认识和由此开展的城市森林建设也不断深入，从简单的美化、休闲、游乐等功能认知与建设，逐步发展到对其经济产品、生态功能、社会服务等综合功能的建设和发展。当前，在我国生态文明建设的时代背景下，中央在国土空间绿化层面提出要“着力推进国土绿化，着力提高森林质量，着力开展森林城市建设，着力建设国家公园”。“四个着力”是国家对国土绿化发展方向和目标提出的新要求，即在确保总量的基础上，更注重品质提升。城市森林作为城市国土空间绿化的主要组分，将在我国城市绿色、低碳、可持续发展和人居生活质量提升方面发挥越来越重要的作用。

1.3.2　城市森林生态系统服务的内涵

城市居民可以直接或间接地从城市森林生态系统中获得的产品和服务即城市森林的生态系统服务。城市森林具有多重生态系统服务，包括直接的和间接的，有形的和无形的，这些服务为保障城市社会经济的可持续发展、增进城市居民的福祉发挥了重要作用。

不同于一般的木材林和经济林，城市森林通常不以取得木材为主要目的。事实上，城市森林在维持城市生态平衡、改善人居生活质量、提高城市自净能力、提高城市景观质量和生物多样性上发挥着更加重要的作用。城市森林可以调节大气中二氧化碳和氧气的比例、固定土壤、保持土壤营养物质、改善土壤结构、防止水土流失，还能够吸收和降解城市空气中的污染物、阻滞灰尘、抑制病菌、降低噪声，并通过枝叶的蒸腾作用调节城市空气的温度和湿度，提高城市居住环境的舒适度。城市中不同群落类型配置的森林，可以为不同的动物提供相应的生活空间。城市防风林带可以降低风速，从而滞纳沙尘。合理布置城市森林可以增强城市防灾减灾的能力，维持城市生态系统的平衡。

城市人居空间狭小，城市森林是城市居民进行休闲、聚会、娱乐活动的户外开放空间，是塑造城市文化特色的基础。城市森林有保健功能，特别是城郊森林能源源不断地向城市输送新鲜空气及负离子；生态旅游、森林康养等生态活动，可健身益智、强健身心。城市森林宜人宜居的特性，推动了城市居住地中小面积城市森林的规划与建设，将持续推进城市人居环境的进一步提升。

另外，国内外学者还对房屋价格和城市森林的关系进行了研究，认为城市森林具有重要的宜人性，其空间分布、面积、类型对房价均有显著影响。此外，城市森林建设带动了苗木培养、绿化维护等相关产业的发展，增加了就业岗位，对维护社会稳定和经济发展起到积极的促进作用。

---

① 郭香玉：《我国新增28个国家森林城市 增至194个》，新华网2019年11月15日，http://www.xinhuanet.com//travel/2019-11/15/c_1125237681.htm。

1.3.3 城市森林生态系统服务的分类

1.3.3.1 供给服务

城市森林通过第一性生产与次级生产，可以直接为人类提供食物和纤维、燃料和众多基因资源。食物和纤维包括水果、肉类和菌类等，以及木材、棉麻、丝绸等；燃料指薪材、绿化园林废弃物以及用作能源的其他生物原料；基因资源包括用于动植物繁育和生物工艺的基因和遗传信息。

1.3.3.2 调节服务

（1）大气调节

城市森林中的植被通过光合作用吸收二氧化碳，合成有机物，同时向大气中释放氧气，调节了大气中二氧化碳的平衡，对空气质量产生多方面的影响。理论上，城市中每人平均拥有10 m^2的林地或25 m^2的草坪，才能维持空气中二氧化碳和氧气的比例平衡，使空气保持新鲜。

（2）水文调节

水文调节是城市森林和水相互作用后产生的综合功能的体现，即在涵养水源、净化水质、保持水土等方面所发挥的功能。城市森林通过对降水进行截留、吸收和贮存，将地表水转变为地表径流或地下水，或通过根系蓄水涵水，防止水土流失，其水文调节作用主要表现为增加可利用水资源、净化水质和调节径流3个方面。

（3）气候调节

城市森林既对城市内局地气候产生影响，同时也对其所在区域乃至全球的气候产生影响。城市森林通过蒸腾作用调节空气的温度和湿度，在城市区域缓解热岛效应，提高居住环境的舒适度。研究资料表明，1 hm^2阔叶林蒸发的水能达到2 500 t，比同等面积的裸地高20倍，可有效提高空气湿度；乔、灌、草结构的绿地空气湿度可以提高10%～20%。

（4）环境净化

绿色植物具有滞尘、吸收有毒气体等净化空气的功能。植物叶子表面粗糙、有绒毛或黏性分泌物，可阻滞或吸附空气中的细微颗粒物，以达到净化空气的作用，绿化树木可以使灰尘减少23%～52%；夏季成片林地减尘率可达61.1%，冬季亦有20%左右；街道减尘率为22.5%～85.4%；40 cm高草地的减尘率也可达59%（王玉亮 等，1997）。

已有研究表明，植物叶片表面可吸收二氧化硫，正常植物中都含有一定数量的硫，当植物处于被二氧化硫污染的大气中时，其含量可为正常含量的5～10倍。落叶树吸硫能力最强，常绿阔叶树次之，针叶树吸硫能力较弱。臭椿吸收二氧化硫能力特别强，超过一般树木的20倍。对氟化氢和氮氧化物的吸收能力，多数落叶树要比常绿树的能力强，落叶树的吸收量是常绿树的2～3倍（邹晓东，2007）。

由于声波投射到树叶、树枝上会被反射到各个方向，造成树叶微振而使声能消耗减弱，所以树木具有降低噪声的功能。研究表明，40 m宽的绿化带可以降低噪声10～20 dB；6～7 m高的绿化带平均能降低噪声10～13 dB；一条10 m宽的绿化带可以降低噪声20%～30%；阔叶林降低噪声的能力比针叶林强；厚草皮降低噪声的效果比剪短的草皮好（梁星权，1996）。

城市森林植被还可以减少空气的含菌数量。一方面是由于滞尘作用减少了空气中的灰尘，从而减少了黏附其上的细菌；另一方面是由于许多植物自身具有分泌杀菌素的能力，如悬铃木、桧柏、白皮松、雪松等都是杀菌能力较强的树种。

（5）土壤保育（土壤侵蚀控制）

城市森林植被在保持土壤和防止滑坡方面具有重要作用。植物的根系可以固定土壤，保持土壤营养物质，改善土壤结构，防止水土流失；植物树叶可以防止暴雨直接冲击地面；草皮及树木枝叶覆盖土壤地表，可以阻挡流沙冲刷。植被覆盖良好的城市区域地面径流少，可以防止暴雨侵袭造成排水不畅而导致的社会经济损失和居民生活不便。

（6）干扰调节

干扰调节是指生态系统对生态环境的干扰、波动的反馈调节，以维持系统结构和功能的稳定，如风暴防治、洪水控制、干旱恢复等。一方面，城市植被的根系及匍匐于土地上的草和植物的茎叶，具有固定沙土、防止沙尘随风飞扬的作用。另一方面，由多排树林形成的城市防风林带可以降低风速，从而滞纳沙尘。例如三北防护林大为缓解了京津冀地区许多城市的沙尘暴污染问题。

（7）生物多样性保护

生态系统是提供各类生物繁衍生息的场所，并且为生物的进化及多样性的维持提供了条件。生物多样性存在的价值已被世界所认可。广泛分布的城市森林可以为城市中野生动物提供相应的生活空间，还与城市道路、河流、城墙等人工元素相结合的带状绿地形成一条条绿色走廊，保证了动物迁徙道路的通畅，降低了城市化导致的生物多样性丧失的风险。

（8）养分积累与物质循环

城市森林植被在其生长过程中不断从周围环境吸收营养元素，并将其固定在植物体中。这些营养元素一部分通过生物地球化学循环以枯枝落叶形式归还土壤；另一部分以树干淋洗和地表径流等形式流入江河湖泊；还有一部分则以林产品形式输出生态系统，再以不同形式释放到周围环境中。

1.3.3.3 文化服务

（1）休闲空间

城市人居空间狭小，公共绿地、森林公园、风景名胜区等是城市居民进行休闲、聚会、娱乐活动的主要生态休闲场所。这些活动对人们的工作、生活起到积极作用，产生了广泛的社会效益。

（2）文化教育

城市森林包含了社会文化因素，是城市文化特色的自然本底，大多拥有体现城市文化个性的园林设计特色和植物造型，体现历史景观的古树名木和外来树种等。同时，利用这些公共绿色开放空间可以举行各种展览、演出、演讲等活动，能以生动形象的活动形式，寓教于乐地进行科普教育、文化宣传，提高人们的科学素养和文化水平。

另外，城市森林也是城市居民接触自然的窗口。人们可以通过郊游来观察动物、植物的特性，认识人类与自然的密切关系，养成保护动植物、爱护环境的良好习惯，增强绿色低碳和生态环保的意识。

（3）美学价值

许多人可以从使用城市森林的过程中发现美的东西或美的价值，如人们对公园和林荫大道的喜爱，以及对住房位置的选择。城市森林和绿化景观对城市面貌的影响很大，使置身闹市的人们获得短暂休息、观赏街景的清凉空间。绿色植物的不同形态、色彩和风格可衬托不同的建筑空间氛围。另外，这些绿色空间还可以作为“天然屏风”，使城市面貌更加整洁、生动、活泼。

（4）产业升值

城市森林可以通过鼓励外来投资，促进旅游业，为娱乐业提供环境，创造新的产业升值契机。绿树成荫、景观优美的城市绿色空间具有重要的宜人性，其空间分布、面积、类型对周边的房价均有显著影响。

（5）社会凝聚力

城市居民参与城市森林主题的社区公益活动，如植树活动、环境教育探索活动等，能够增强单位职工、社区居民的社会凝聚力，有利于社会的团结与稳定。

（6）就业

部分城郊地区的森林通过提供林副产品、发展林下经济等形式，可以推动相关产业的发展，如旅游业、林副产品加工业等；同时可提供各种社会就业岗位，如从事森林管理、经营、保护的行政、事业、企业人员，从而提升就业率，为社会稳定发挥一定的作用。

1.3.4 城市森林生态系统服务价值评估研究趋势

城市森林生态系统服务价值评估作为当今生态系统服务价值评估中的一项重要内容，对于量化城市森林生态系统服务，指导城市规划建设具有重要意义，已成为国内外城市生态系统研究的热点之一。综观国内外有关城市森林生态系统服务价值评估的研究，各国学者在研究内容和研究方法上均有不同侧重。国外研究多利用城市森林生态系统服务价值分析为政府决策、城市规划和生态系统管理提供依据；充分利用先进的计算机和“3S”技术，侧重于计算机模型的开发和应用，并且致力于城市森林生态系统服务中的社会价值评估。而国内则更注重于绿色空间结构与功能、城市绿量与绿当量、评价指标体系、服务价值评估及国外模型的引进应用等方面，对其社会价值则关注较少；更多是对城市森林的生态系统服务价值进行货币化计算，缺乏自主研发的评估模型（赵煜 等，2009）。

总体上，城市森林生态系统服务的研究呈现由单一服务评估向多种服务综合评估发展，由单一森林类型评估向多种森林类型评估发展，由块状、分散、小尺度的城市森林评估向集中、连片、市域尺度的城市森林网络评估发展，由评价指标体系向空间显式模型发展的趋势。在总结国内外前人相关研究的基础上，下一步我国城市森林生态系统服务价值评估研究应重点关注以下方面。

1.3.4.1 统一城市森林生态系统服务价值评估指标体系

生态系统服务评估的首要工作是建立一套能客观、全面、准确并定量化反映生态系统服务的评估指标体系。目前，国内外提出了多种针对城市森林生态系统服务价值的评估体系，但评估标准仍未统一，评估体系存在数量繁多、主观性强、指标筛选缺乏科学性等问题。因此，以生态学、经济学和系统科学等原理为指导，定性与定量相结合，建立科学、合理的城市森林生态系统服务评估技术规范意义重大。

1.3.4.2 建立城市森林生态系统服务定位监测站和数据库

城市森林生态系统服务价值评估需要大量的基础数据，许多数据的获取需要依靠长期的定位观测，以分析各评估因子的动态变化。因此，为更好地进行城市森林生态系统服务价值评估，必须建立定位监测站，以获得长期连续的、有效的动态监测数据，构建专门的数据库，建立完善的数据整合与定期发布机制，开展长时间序列或多时空尺度的价值评估研究，以避免小数据样本选择所带来的随机误差，使评估结果更加准确。

1.3.4.3 推进“3S”技术应用，开发本土化的空间显式模型

在城市森林生态系统服务功能评估中应用“3S”技术，在数据采集、样地定位、数据管理和分析等方面切实提高工作效率，实现动态监测与分析，更直观、形象、快速、准确地反映不同类型森林的生态系统服务价值的变化，促进适合中国特色的城市森林生态系统服务价值评估模型的开发与应用。在引入消化国外空间显式景观模型的基础上，根据我国城市森林的特殊性，修改关键参数，避免直接套用国外模型的现象，研建基于我国城市森林特点的生态系统服务价值评估模型。

1.3.4.4 将价值评估与城市森林规划设计和管理实践相结合

城市森林生态系统服务价值评估应与城市森林规划、景观设计实践应用相结合。将城市森林生态系统服务价值评估的结果作为城市规划与景观设计的定量化标准，实现景观规划设计与生态学的融合，提高城市森林生态系统服务价值评估结果在城市森林规划设计、营建和管理中的应用性。

Urban Forest Ecosystem

第2章

城市森林生态系统服务价值评估理论与方法概述

2.1 价值评估的理论基础

2.1.1 价值的含义及形式

人们对生态系统服务价值的认知经历了从使用价值到交换价值的过程，对生态系统服务价值的评估经历了从免费、低估价值到合理估值的历程，这一过程与经济学发展各阶段息息相关。20世纪60年代以来，随着环境经济学和生态经济学的兴起，人们日益认识到生态系统服务的非人类价值、非使用价值等，促进了生态系统服务价值评估理论与方法的发展。

美国未来资源研究所的环境经济学家Krutilla（1967）提出“舒适型资源的经济价值理论”，奠定了生态环境价值分类框架的基础。Krutilla et al.（1985）根据生态环境服务是否可以通过市场体系进行正常交易，将生态环境价值分为两大部分：一部分是有形的、物质性的经济价值，属于（间接）市场价值；另一部分是无形的、舒适性的经济价值，属于非市场价值。Westman（1977）明确提出“生态系统服务”的概念。Boland et al.（1979）提出生态系统服务总经济价值的分类框架，即把生态系统服务价值分为使用价值（use value）和非使用价值（non use value）。其中，使用价值分为直接使用价值（direct use value）、间接使用价值（indirect use value）和选择价值（option value）；非使用价值分为存在价值（existence value）和遗赠价值（bequest value）。这些价值都会对人类福祉产生影响，属于基于人类中心主义的工具价值（instrumental value），强调特定生态产品或服务直接或间接提升人类福祉（效用）的能力（Bockstael et al.，2000；Farber et al.，2002）。具体分类如图2–1所示。

基于人类中心主义的生态系统服务价值观得到了经济学界较多的认同，而基于生态中心主义的生态价值观也逐渐得到发展。生态中心主义与人类中心主义相反，强调生态系统服务的内在价值（intrinsic value），认为生态系统服务价值完全不用考虑人类需求和人类福祉（De Groot et al.，2010）。可见，内在价值与工具价值在某种程度上是对立的。生态系统服务内在价值与工具价值的争论还有互补性和替代性的问题。Halkos et al.（2012）认为生态系统服务包含工具价值和内在价值，这两类方法对于评估一个生态系统来说是互补的。总的来说，从互补性和融合的视角出发，生态系统服务价值包含了内在价值和工具价值（Costanza et al.，2006）。

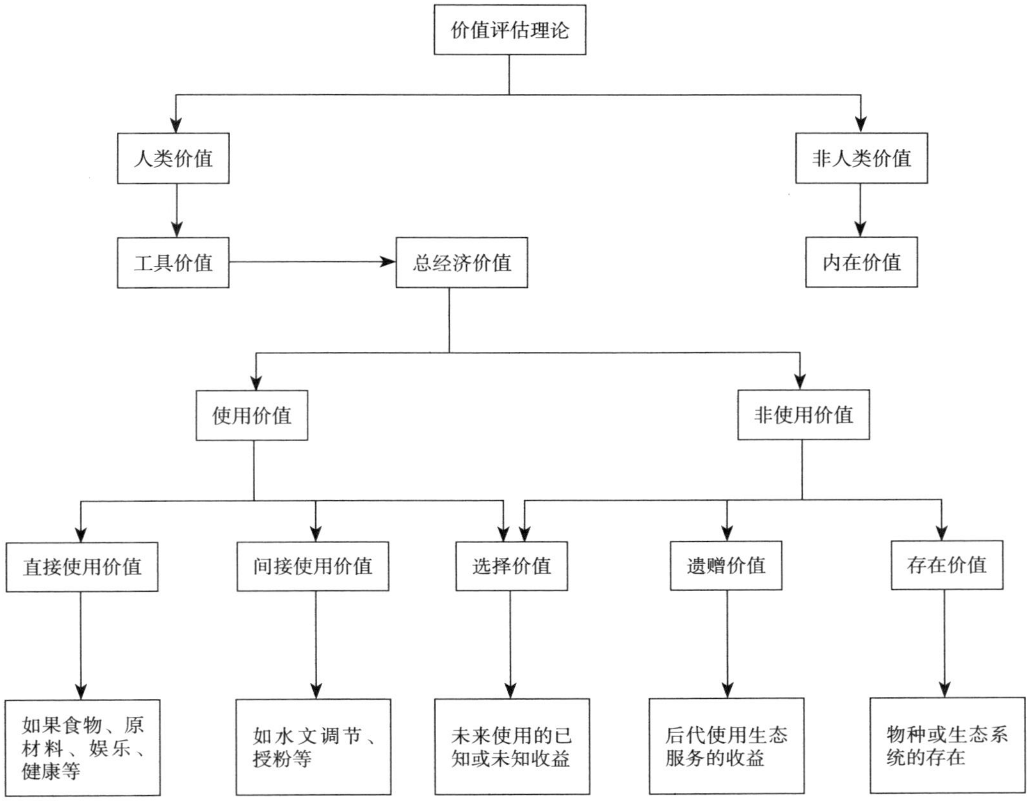

图2-1　生态系统服务价值评估理论框架（改绘自刘玉龙 等，2005）

2.1.2　价值的特征

生态系统服务价值是一种整体价值和综合价值（赵玲 等，2013）。地球上的生命是一个系统，各种生物之间、生物与非生物之间，都在进行着物质循环和能量流动。它们彼此之间相互依赖、相互制约，保持着一定的动态平衡。这种平衡是地球上所有生命赖以生存的前提条件。生态平衡的破坏，如森林锐减、全球变暖、物种灭绝等现象会殃及整个地球生命系统的正常运行，进而影响到人类的生存和发展。

生态系统服务价值与人类福祉密切相关（唐建荣 等，2005）。人类的全部活动都是在地球这个大的生态系统中进行的，享有生态系统为人类所提供的各种服务，生态系统服务价值具有不可替代的性质。生态系统服务价值的存在是人类生存和发展的基础，破坏它就意味着破坏人类基本的生存条件。所以，经济价值服从于生态价值，人类必须在自然生态系统可承载的限度之内从事自然生产活动。

2.1.3 价值的规律

对于不同的生态系统，要想保持和利用它的生态系统服务价值，就要求人类活动对生态系统的干扰或破坏不能超过生态系统所能承受的极限，即一定要保持生态平衡（马传栋，1989；沈满洪，2009）。如果人类活动对生态系统的利用超过一定的生态阈值或生态限度，那么就会导致“生态赤字”，这时生态系统服务价值呈递减趋势，直至完全崩溃，即生态系统服务价值完全消失。按照边际效用递减规律，随着生态系统自身规模的增大，人类社会所享用的服务功能就越多，生态系统服务价值总量就会增大，生态系统服务价值的边际量就会减少。反之，生态系统服务价值的边际量就会增加。

但事实上，如果人类活动引起生态系统的规模缩小到一定的程度，即达到了生态系统服务价值存在的极限，那么，即使生态系统仍然存在，生态系统服务价值的总量也不会按照相应比例缩小，生态系统服务价值的边际量也不会增加，而会完全消失。如一定面积的森林具有调节气候、涵养水源等诸多生态价值，当人们不断对树木进行砍伐时，森林的面积就会缩小。如果森林面积低于调节气候或涵养水源所必需的森林面积的极限，这些森林所拥有的生态系统服务价值总量减少，边际量不仅不会相对递增，反而会完全消失。这就是生态系统服务价值与一般物品效用的不同之处，它存在不可逆性，即存在刚性。

相对于资源的稀缺性而言，资源数量越少或规模越小，它的边际效用就会越大，由边际效用所确定的价值量就会越大。当生态系统的规模或数量达到某项生态系统服务价值的刚性极限以上时，生态系统服务价值边际量的大小才会符合边际效用递减规律。而当生态系统的规模或数量减少到其刚性极限以下时，生态系统服务价值边际量不但不会随着资源量的减少而增大，相反却会消失或减少为0。所以在研究生态经济问题时，应注意边际效用递减规律的使用范围，只有生态系统的某项生态系统服务价值在达到刚性极限以上时，其才会存在边际效用递减的情况。

2.2 生态系统服务价值评估的相关理论

2.2.1 生态资本理论

生态资本（ecological capital）是指存在于自然界，能够给人类带来持续收益的自然资产。虽然生态资本是自然资产，但由于人类活动范围不断扩大、活动程度不断深入，在现代生态系统中，生态环境已不是“天然的自然”，而是“人化的自然”（许涤新，1987；唐建荣 等，2005）。所以，在大多数情况下，当今社会的生态资本实质上是人造资本与自然资本结合的产物。不管是土地、矿藏，还是森林、水体，作为资源它们现在都可以通过级差地租或者影子价格来反映自身的经济价值，从而实现生态资源资本化。

资本是价值的一种特定发展形式，既然认为生态系统是有价值的，那么生态系统提供的生态系统服务也应被视为一种资源、一种基本的生产要素，离不开有效的管理。而这种生态系统服务或者说价值的载体便是“生态资本”。生态资本又称“自然资本”，目前该理论已成为可持续发展研究的中心议题之一。

2.2.2　生态补偿理论

生态补偿（ecological compensation）是指生态系统服务受益者对生态系统服务的提供者给予的经济上的补偿。生态补偿的目的是解决区域性生态环境保护问题，该理论的提出是为了维护、改善或恢复区域生态系统的服务功能，而不是直接针对排污者等个体环境责任人（陈德昌 等，2003；徐中民 等，2000）。相对于环境污染损害赔偿而言，生态补偿是对人类的某种活动所产生的生态环境的正外部性所给予的补偿。从本质上看，这一概念与国外的生态系统服务付费（payment for ecosystem service 或payment for ecosystem benefit）和生物多样性补偿（biodiversity offset）的内涵有较大的相通性（戴君虎 等，2012；赖敏 等，2020）。生态系统服务付费强调对生态系统服务的经济补偿，生物多样性补偿强调对生物多样性和生态环境破坏的恢复性行为进行补偿。

对生态补偿的理解有广义和狭义之分。广义的生态补偿包括污染环境的补偿和生态功能的补偿，包括对损害资源环境的行为进行收费和保护资源环境的行为进行补偿，以提高该行为的成本与收益，达到保护环境的目的。狭义的生态补偿是指对生态功能的补偿，即通过制度创新实行生态保护外部性的内部化，让生态保护成果的受益者支付相应的费用；通过体制创新解决好生态产品这一特殊的公共产品中的“搭便车”现象，激励生态产品的足额供应；通过机制创新解决好生态投资者的合理回报，激励人们从事生态保护投资并使生态资本增值。

2.2.3　生态经济成本效益分析

生态经济成本效益（ecological economic cost benefit）是指生态系统的修补（结构完善）、改造、转型及重建的成本效益，其中包括生态系统与经济系统耦合、生态经济位的建立、转移的成本和效益（梁山，1987；赵桂慎，2005）；同时，还包括生态平衡失调后的生态结构成分缺损的修补成本，原有的生态系统不适应经济发展需要而进行调整的改造成本，以及原有生态系统被建成生态经济系统的建造成本。成本效益的分析是对原有状态的收入与更新状态后的预期收入之间的比较分析，涉及下述范畴：

2.2.3.1 生态经济机会成本

生态经济机会成本（opportunity cost of ecological economy）是指为开发某一生态系统或要素而舍弃的对同一生态系统（或要素）原有开发经营方式的全部价值，这些价值就是新开发经营方式的机会成本。例如，有一大片森林，原先用于有计划的限量木材采伐，其总市场价值为*W*（单位：元）。但是，勘探到森林的地下有矿藏，为了开发矿藏，就要毁掉森林，也就是说就要放弃森林的市场价值*W*，那么*W*就成为开发矿产的机会成本。

2.2.3.2 生态经济影子价格

生态经济影子价格（shadow price of ecological economy）是指无市场价格的某一商品或劳务的估算价值。在上面的例子中，*W*是舍弃的森林的市场价值，但是，森林的全部价值并不仅仅是在市场上实现的价值，还有景观价值、蓄水价值、更新氧气的价值、降解污染物的价值，以及森林中所有植物种群、动物种群的价值等。这些价值由于不参与市场，也不可能参与市场交换，因而不具备市场价值；同时，它们又不是劳动产品，也不具备劳动价值。但是，它们又是实实在在能被换算成货币价值的价值。此时，就用影子价格作为价值量对其进行换算。

2.2.4 绿色GDP核算

绿色GDP核算（green GDP accounting），包括资源核算和环境核算，旨在以原有国民经济核算体系为基础，将资源环境因素纳入其中，通过核算描述资源环境与经济之间的关系，提供系统的核算数据，为可持续发展的分析、决策和评价提供依据（王松沛，2003）。

绿色GDP概念的正式提出，可以追溯到1993年联合国统计署正式出版的《综合环境经济核算手册》，该手册首次正式提出了“绿色GDP”的概念。根据联合国统计署提出的绿色GDP的概念和核算方法，在理论上，绿色GDP与GDP的关系可以用下式表示：绿色GDP=GDP–固定资产折旧–资源环境成本=NDP–资源环境成本。其中，NDP是国内生产净值。从上式可看出，绿色GDP是与NDP相对应的，而不是与GDP相对应的。

2.2.5 能值分析

能值（emergy）是一种流动或储存的能量所包含的另一种类别能量的数量（Odum et al.，1987；Scienceman，1987）。产品或劳务形成过程中直接或间接投入应用的一种有效能总量，就是其所具有的能值（Odum，1996）。在实际应用中，以“太阳能值（solar emergy）”衡量某一能量的能值，任何流动或储存的能量所包含的太阳能的量，即为该能量的太阳能值。任何能量均始于太阳能，故可以用太阳能值为标准，来衡量任何类别的能量。以能值为基准，可以衡量和比较不同类别、不同等级的能量的真实价值。可以把不同种类、不可比较的能量转换成可进行比较的同一标准，即能值。能值观念能以同一种能量类别（太阳能）作为单位，比较某一系统中流动或储存的不同类别的能量及其在该系统中的贡献。

2.2.6　生态足迹核算理论

生态足迹（ecological footprint）也称“生态占用”，是指特定数量人群按照某一种生活方式所消费的，由自然生态系统提供的各种商品和服务功能，以及在这一过程中所产生的废弃物需要环境（生态系统）吸纳消减，并以生物生产性土地（或水域）面积来表示的一种可操作的定量方法。它的应用意义是：通过比较生态足迹需求与自然生态系统的承载力（亦称“生态足迹供给”），即可以定量地判断某一国家或地区可持续发展的状态，以便对未来人类生存和社会经济发展给出科学规划和建议。

生态足迹在20世纪90年代初由加拿大大不列颠哥伦比亚大学规划与资源生态学教授里斯（Willian E. Rees）提出（沈满洪，2009）。它表示在现有技术条件下，指定的人口单位内（一个人、一个城市、一个国家或全人类）生产所需资源和吸纳所衍生的废物需要具备的生物生产力的土地（biological productive land）和水域的量，生态足迹通过测定现今人类为了维持自身生存而利用自然的量来评估人类对生态系统的影响。

2.3 生态系统服务价值量化的主要方法

价值量评估是指利用货币价值量来定量分析和评估生态系统服务，通过对价值量的评估，可实现不同生态系统之间或同一系统不同服务价值之间的对比，有利于完善生态核算机制，建设绿色国民经济核算体系，推进生态可持续发展。虽然国内外学者就生态系统服务价值的评估方法已开展了大量的研究工作，但尚未形成一套统一的评估体系，方法及参数的不同也导致结果不尽相同，从而限制了对生态系统服务及其价值的客观认知。

目前，生态系统服务价值核算大致可以分为两类，即基于单位面积价值当量因子的方法（当量因子法）和基于单位服务功能价格（价值法）的方法：

①当量因子法基于扩展的劳动价值论原理，为不同的生态系统类型赋予了相应的单位面积服务价值。该方法在区分不同种类生态系统服务功能的基础上，基于可量化的标准构建不同类型生态系统各种服务功能的价值当量，然后结合生态系统的分布面积进行评估。当量因子法较为直观易用，数据需求少，特别适用于区域和全

球尺度生态系统服务价值的评估。主要代表为Constanza et al.（1997）提出的价值当量表和谢高地 等（2003）提出的一种基于专家知识的生态系统服务价值化方法。

②价值法即基于生态系统服务量的多少及其单位价格得到的总价值，此类方法通过建立单一服务功能与局部生态环境变量之间的生产方程来模拟小区域的生态系统服务。该方法的输入参数较多、计算过程较为复杂，每种服务的价值评价需要基于一系列不同评价方法和参数标准，借助经济学市场价值理论的计量方法，对生态系统服务价值进行直接或者间接的量化评估。这些方法主要有揭示偏好价值评估法和陈述偏好价值评估法两大类，包含直接市场法（费用支出法、市场价值法、机会成本法、恢复和防护费用法、影子工程法、人力资本法等）、替代市场法（旅行费用法和享乐价格法等）、模拟市场价值法（条件价值法等）等。价值法尽管数据要求高，但计算结果更加准确，且能较好地体现时空动态，可用于区域和城市尺度生态系统服务价值的评估。国家林业局提出的《森林生态系统服务功能评估规范》（LY/T 1721—2008）即采用了这一方法。本书案例对上海城市森林生态系统服务价值的评估同样采用了价值法。

2.3.1　直接市场法

2.3.1.1　费用支出法

费用支出法以人们对某种生态系统服务功能的支出费用来表示其生态价值。此方法简便易行，应用广泛，如以游憩者支出的费用总和作为某自然景观的游憩效益的价值。费用支出法通常分为3种形式：总支出法，以游客的费用总支出作为游憩价值；区内支出法，仅以游客在游憩区支出的费用作为游憩价值；部分费用法，仅以游客支出的部分费用作为游憩价值。此方法也称为“游憩费用法”，其缺点是不能全面且真实地反映城市森林游憩地的实际游憩价值。因为游憩费用仅计算游客支出的货币数量，不能反映游客的实际支付意愿，同时没有结合时间机会成本进行计算，故难以评价远离人群的城市森林的游憩价值。

2.3.1.2　市场价值法

市场价值法通过定量评估某种生态系统服务功能的效果，以效果对应的市场价格为依据估计该生态系统服务的经济价值。在实际评估中，通常有2类评估方法：一是理论效果评估法，二是环境损失评估法。理论效果评估法包括3个步骤：首先，计算某种生态系统服务功能的定量值，如农作物的产量；其次，研究生态系统服务功能的影子价格，如农作物可根据市场价格定价；最后，计算其总经济价值。环境损失评估法应用广泛，如利用生态系统破坏所造成的土壤侵蚀、土地退化、生产力下降的损失来对生态系统在土壤保护方面的服务价值进行评估。

2.3.1.3　机会成本法

机会成本是指在其他条件相同时，将一定的资源用于生产某种产品后所放弃的生产另一种产品所能获得的价值，或利用一定的资源获得某种收入时所放弃的另一种收入。对于稀缺的自然资源和生态资源而言，其价格不是由其平均机会成本决定的，而是由边际机会成本决定的。它在理论上反映了收获或使用某一单位自然和生态资源时全社会付出的代价。边际机会成本法主要针对自然资源，在核算时考虑使用者本人开发资源所付出的代价、资源开发对他人的影响，以及后代人由于不能使用该种资源所需付出的代价，它能够比较客观全面地体现某种自然资源的生态价值。

2.3.1.4　恢复和防护费用法

恢复和防护费用法是指根据保护和恢复某些生态系统服务功能所需费用而进行生态功能评估的方法。对环境质量的最低估计可以从为消除或减少有害环境影响所付出的经济费用中间接获得，因此，将恢复或防护某种资源不受污染所需的费用作为环境资源破坏带来的最低经济损失，这就是恢复和防护费用法。例如，当某一森林生态系统遭到破坏后，要恢复到原来状态所需的费用，或者为确保某一森林生态系统不被破坏的必需费用，即为应用恢复和防护费用法进行该森林生态系统服务价值评估的依据。

2.3.1.5　影子工程法

影子工程法又称“替代工程法”，是恢复和防护费用法的一种特殊形式。影子工程法是指在生态系统遭受破坏后，人工建造一个替代工程以行使原来生态系统的服务功能，以建造新工程的费用为依据来估计生态系统被破坏所造成的经济损失的一种方法。由于生态系统给人类提供的产品或服务中，许多属于没有市场交换和市场价格的“公共商品”，因此，对其进行价值评估，首先需要寻找这些产品和服务的替代市场和替代方式，其次应以市场上与其相同的产品或服务的价格（影子价格）来估算其价值。例如，城市森林水分调节和水源涵养功能的价值，可用其总水分调节量乘以修建单位蓄水量的水库库容成本之积来估计。

2.3.1.6　人力资本法

人力资本法又称“工资损失法”，其通过市场价格和工资薪酬来确定个人对社会的潜在贡献，并以此来估算环境变化所造成的损失。环境恶化对人体健康造成的损失主要体现在3个方面：因污染致病、致残或早逝而减少劳动者本人和社会的收入；医疗费用的增加；精神和心理上的代价。简单来说，在正常情况下，健康劳动者参与社会生产，创造社会财富，其本人获得一定收入的同时，对社会也做出贡献；但是，如果由于环境遭到破坏，致其过早丧失劳动力甚至死亡，则其对社会的贡献率为0甚至为负贡献，从社会角度来看，这就是一种损失，且常以个人劳动价值作等价估算。人力资本法在假定人们完全没有趋避行为的情况下，采用人口的健康损害风险反映环境价值损失，尽管该方法存在难以反映受害者的疾病痛苦、精神损失等缺陷，但它可以直接利用市场信息，具有客观性强、应用价值较大的优点。

2.3.2 替代市场法

2.3.2.1 旅行费用法

旅行费用法属于间接性经济评估法，常被用来评估不具备市场价格的自然景点或者环境资源的价值，将旅游者对旅游场所的环境商品或服务的支付意愿作为其经济价值从而进行价值评估。支付意愿由实际支出和消费者剩余两部分组成，实际支出包括往返交通费、餐饮费、住宿费、门票费、设施使用费、时间成本等，根据抽样调查获得的实际支出数据可推导出需求曲线，由需求曲线可估算出消费者剩余部分，实际支出与消费者剩余相加之和为旅游景点的价值。

2.3.2.2 享乐价格法

享乐价格与很多因素有关，如房产本身的数量与质量，距中心商业区、公路、公园和森林的远近，当地公共设施的水平，周围环境的特点，等等。享乐价格理论认为，如果消费者是理性的，那么在选择时必须考虑上述因素，故房产周围的环境会对其价格产生影响，即周围环境的变化会引起房产价格变动，以此为依据可估算房产周围环境的价格。

2.3.3 模拟市场价值法

模拟市场价值法的经典方法为条件价值法，条件价值法也称“意愿调查评估法”，是典型的陈述偏好法。由于缺乏真实的市场数据，且无法通过间接观察市场行为赋予环境资源以价值，因此，条件价值法通过构建假想市场（即直接向有关人群样本调查提问），利用调查资料，推导出人们对环境资源假想变化的评估，进而实现对环境变化的价值评估。由于这些环境变化及其反映价值的市场均为假设，故该方法又被称为“假想评价法”。

条件价值法试图弄清人们对待环境状况所赋予的货币值，通常以人们对某项环境改善措施或防止环境恶化措施的支付意愿、对忍受环境恶化而接受赔偿的意愿这2项调查数据作为评估依据。与直接市场评价法和揭示偏好法不同，条件价值法并非基于可观察到的或间接的市场行为，而是基于调查对象的回答而进行价值评估。调查过程一般通过问卷或面对面询问方式进行，直接询问调查对象的支付意愿或接受赔偿意愿是条件价值法的特点。

2.3.4 其他评估方法

2.3.4.1 能值评估法

能值评估法利用能值计量城市森林生态系统为人类提供的服务或产品，也就是以生态系统产品或服务在形成过程中直接或间接消耗的太阳能总量（单位为J）作为评估指标，是一种非货币化的价值评估方法。能值评估以能值为基准，把生态系统或生态经济系统中不同种类、不可比较的能量转换成同一标准的能值来衡量和分析。即综合各种生态流（如能物流、货币流、人口流和信息流），相互沟通与换算，以能值为量纲做定量分析研究，得出一系列能值综合指标，定量分析系统的结构功能特征与生态经济效益。这种方法综合了生态系统、社会系统以及经济系统，有助于促进生态与经济环境的和谐统一发展。然而，能值评估法具有较大的局限性，计算能值转换的过程相当复杂，难度超乎其他评估方法；另外，在生态系统中，某些物质与太阳能之间的内在关联较弱，难以用太阳能总量来计算或反映，如一些矿物元素和地热等；此外，能值仅表示物质在产生过程中消耗掉的太阳能，因此，从某种程度来看，其无法反映人类对生态系统服务的需求量，即无法反映支付意愿。

2.3.4.2　专家咨询评分加权法

专家咨询评分加权法主要包括层次分析法和德尔菲法，其步骤如下：首先，由专家确定综合评估指标；然后，确立评估要素中社会、生态、经济各自所占的权重，对要素中每个评估因子确定权重值；最后，通过公式进行计算。专家咨询评分加权法具有定性与定量相结合的优点，对于一些难以定量的效益评估来说，不失为一种可行的方法。

然而，该方法是基于专家经验而做出的判断，因此，专家先验经验的准确性对评估结果的优劣影响重大。对于生态系统服务价值的评估问题，先验经验应包括以下2方面内容：一是对于该生态资源及其未来前景目标的基本认识；二是对于实现这一目标的经济手段或效果状况的基本认识。全面而准确的先验经验将有利于城市森林生态系统服务价值评估的开展。

2.4 城市森林生态系统服务价值评估的方法演变

随着城镇化水平的逐步提高，各国政府和居民对城市森林所提供的生态系统服务要求也越来越高，如从改善空气质量和适应气候变化，到改善公共卫生和美化人居环境等。加速发展的城市化进程以及城市森林生态系统的重要作用，决定了城市森林生态系统服务价值量化评估工作开展的迫切性，科学评估城市森林生态系统服务价值，有助于城市森林的政策制定和有效管理，同时可以为城市森林的生态补偿和森林资源资产评估提供参考依据。

随着城市森林相关理论和实践的发展，城市森林生态系统服务价值评估方面的研究成果不断涌现。20世纪40年代，出现了以单株树木为研究对象的城市森林经济价值评估，主要注重树木的补偿价值（或结构价值），较少关注其生态价值；60年代后，城市森林生态系统服务价值评估以服务功能物质量的测定和分析为重点；80年代后，借助于环境经济学的发展，各国学者开始尝试开展城市森林的生态系统服务价值量计算。随着科学及计算机技术的飞速发展，一些城市森林生态系统服务价值评估的空间模型逐渐涌现，比较有名的有InVEST、CITYgreen和i–Tree等。

2.4.1 单木树价法

单木树价法是指通过计算单株树木价值来量化城市森林经济价值的方法，主要有美国的树木和景观评估法、澳大利亚的伯恩利法、英国的树木和林地舒适性评估法、西班牙的诺玛 · 格拉纳达法和新西兰的标准树评价法。

树木和景观评估法于1942年提出，其计算公式是：树木价值=树干1.4 m处横断面积×树木基价×树种系数×生长情况系数×生长位置系数。树木基价由当地相关部门提供，树种系数、生长情况系数和生长位置系数根据树种品质、环境和所处景观位置确定。伯恩利法以树木体积与单位体积货币价值的乘积作为初始值，其计算公式是：树木价值=树木体积×树木基价×年龄系数×外形与活力系数×生长位置系数。树木和林地舒适性评估法于1967年首次发布，并于2000年进行了修订，其计算公式是：树木价值=树木大小×年龄系数×景观重要性×与其他树木关系×背景关系×外形×特殊因素×14英镑。该方法直观判断树木大小，其他参数根据等级给予1～4分，14英镑为2000年修订版确定的每分货币的价值。标准树评估法于1996年提出，其计算公式是：树木价值=(总分×批发价+种植价+养护价)×零售转换因素。其中，总分为树木基本状况、舒适性和显著性的总体打分。诺玛 · 格拉纳达法于1990年发布，并在1999年进行了修订，其计算公式为：树木价值=（价值指数×批发价×生长情况指数）×*abs*[1+树龄+（美学观赏性指数+树种稀有性指数+生长立地适应性指数+特别指数）]。该方法与树木和景观评估法、伯恩利法较为相似，都是利用树木状况和景观位置相关因子对初始价值进行调整。

单木树价法简单地计算了树木的补偿价值或结构价值，对其生态价值和社会价值并未涉及，因此不能完整表现城市森林生态系统服务价值，但在一定程度上为此后生态系统服务价值的合理评估提供了科学参考。

2.4.2 综合指标评估法

为全面体现森林所具有的多方面生态系统服务，多指标综合评估研究逐步走向成熟。1995年，侯元兆等人首次运用多个指标对中国森林资源涵养水源、防风固沙和净化空气等生态系统服务价值进行了评估。其后，多位学者利用综合指标评估方法对我国城市或区域尺度森林生态系统所提供的水源涵养、固碳、土壤保持、环境净化、养分循环、旅游、生物多样性维持功能等服务价值进行了评估（余新晓 等，2002；周冰冰 等，2000；关文彬 等，2002；马定国 等，2003；范海兰 等，2004；陆贵巧，2006）。但上述研究在进行森林生态系统服务价值评估时，选择的评估指标不同，导致结果缺乏可比性。

为了建立统一的森林生态系统服务功能评估指标体系，便于比较和分析不同地区的森林生态系统服务功能，国家林业局于2008年发布了林业行业标准《森林生态系统服务功能评估规范》（LY/T 1721—2008），涉及涵养水源、保育土壤、固碳释氧、净化大气环境、森林游憩等8个类别，以及调节水量、净化水质、固土、保肥、固碳、释氧、降低噪声、滞尘等14个评估指标，并提供了各指标物质量化的详细计算公式；同时运用直接市场法、替代市场法和模拟市场法等价值核算方法对物质量进行了货币化。王兵 等（2011b）应用该标准对2009年全国及各省级行政区森林的生态系统服务进行了价值评估。此外，该标准也被应用于城市森林生态系统服务价值评估的研究中（高琼 等，2008；王祖华 等，2010；董洋洋 等，2011）。

2.4.3　模型估算法

在单木树价法和综合指标评估法基础上，近年来，利用空间显式模型进行城市森林生态系统服务价值评估的研究得以发展。目前，主流的模型有CITYgreen模型、i-Tree模型和InVEST模型。利用这些模型得到的评估结果多被用来进行城市森林建设和管养的成本效益分析或有效性分析，为政府决策提供参考，并为城市管理服务。

CITYgreen模型由美国林业署于1996年发布，以ArcView为依托，就城市森林生态效益的5个方面进行分析估测，即碳储存与碳吸收、水土保持、大气污染物清除、节能效应和野生动物栖息地提供，将生态效益按照市场价值法、替代价值法、影子工程法等核算方法折算成直观的经济价值。目前，该模型已发展到CITYgreen 5.4版本，并被广泛应用于美国多个大中型城市的城市森林生态效益研究中，如芝加哥、休斯敦、亚特兰大、丹佛、加兰等。我国学者也利用该模型对一些城市的森林生态效益、绿地固碳与削减径流效益、绿地净化空气效益等进行了评估研究（陈莉 等，2009）。

在CITYgreen模型的基础上，美国林务局于2006年研发了i-Tree模型①。该模型主要包括城市森林生态价值评估（UFORE）和行道树管理分析（STRATUM）2个模块，适合不同区域范围的生态效益研究。UFORE模块可对城市森林的结构和生态效益进行评估，包括碳储存和碳吸收、空气净化效益、VOC挥发量管理、节能效益和害虫管理5个方面；STRATUM模块可对行道树的雨水截留效益、吸收二氧化碳效益、空气净化效益、节能效益、美学价值效益5个方面进行评估。该模型需采集精确度较高的样地数据，结合环境、气候条件和经济发展水平，开展城市森林及行道树的经济效益评估。该模型不仅适用于高大乔木，同时也适用于灌草的生态效益评估。i-tree模型目前已经更新到第6版，包括i-Tree MyTree、i-Tree Landscape、i-Tree Design、i-Tree Canopy、i-Tree Eco、i-Tree Hydro 6个核心旗舰模块，以及i-Tree Species、i-Tree Projects、i-Tree Database、i-Tree Glossary、i-Tree Eco Mobile Data Collection、i-Tree Pest 6个补充模块。各模块分别适用于不同规模、不同类型绿地，能够进行不同功能分析，主要针对减少雨水径流、节能减排、提高空气质量、减少二氧化碳排放等功

① https://www.itreetools.org/i-tree-tools-download。

能进行量化评估。各模块运行模式类似，都是基于样地调查，收集研究区域内树高、冠幅、胸径、与建筑物之间的距离、健康状况等植被数据，研究地区空气污染、空气温湿度、降雨等气象数据，以及当地人口、面积、植树养护成本等经济数据，并将各类数据导入i–Tree模型，经由美国林务局对数据进行评定与处理，生成研究区域的城市森林生态系统服务价值报告。该模型目前已成为北美和欧洲许多城市开展城市森林生态服务价值评估的主流方法之一。

InVEST（integrated valuation of ecosystem services and trade–offs）模型是美国斯坦福大学、大自然保护协会（TNC）与世界自然基金会（WWF）联合开发的一种生态系统服务功能评估模型①。该模型旨在通过模拟不同土地覆被情景下生态系统服务物质量和价值量的变化，实现不同空间情境下对生态系统服务价值的定量评估。InVEST模型的评估结果可进行可视化表达，解决了以往生态系统服务功能评估结果表述不够直观的问题。InVEST模型可以用于较大尺度上城市森林的生态系统服务价值的量化和制图，并可用于不同服务之间的权衡和协同分析。

① https://naturalcapitalproject.stanford.edu/software/invest。

Urban
Forest
Ecosystem

第3章

国内外城市森林生态系统服务价值评估典型案例

3.1

国外典型案例

3.1.1 伦敦市城市森林生态系统服务价值评估

3.1.1.1 伦敦市概况

（1）地理位置

伦敦是英国的首都，世界第一大金融中心，也是英国的政治、经济、文化、金融中心。伦敦位于英格兰东南部，跨泰晤士河下游两岸，距河口88 km，面积约1 594.70 km^2。截至2016年，大伦敦都会被划分为伦敦内环和其他32个自治市，涉及伦敦城区、西伦敦、东伦敦和南伦敦4个区域。伦敦城区是金融资本和贸易中心，西伦敦是英国王宫、首相官邸、议会和政府各部所在地，东伦敦是工业区和工人住宅区，而南伦敦则是工商业和住宅混合区。

（2）地形地貌

伦敦位于伦敦盆地，坐落在泰晤士河之上，泰晤士河从西南到东贯穿城市，流域面积1.14×10^4 km^2。伦敦是在泰晤士河最低的峡谷中发育形成的，地形以平原为主，地形平坦，地势较低，全市平均海拔约为24 m。泰晤士河河谷为河漫滩平原，被国会山、爱丁顿山和樱草花山等一系列山丘环绕，河谷内河流湿地较多。

（3）气候条件

伦敦受北大西洋暖流和西风影响，属温带海洋性气候，四季温差小，空气湿润，多雨雾，秋冬尤甚。伦敦降水季节分布比较均匀，多年平均降水量为600～800 mm。伦敦夏季通常温暖，时而炎热，7月平均温度为24 ℃。每年平均有31日最高气温高于25 ℃，4.2日最高气温高于30 ℃。冬季通常湿冷，气温变化较小，降雪时有发生，对交通会产生一定影响。春季和夏季气候相近，较为怡人。伦敦城市热岛效应显著，市中心气温有时比郊区要高出5 ℃。

（4）水文资源

泰晤士河是贯穿伦敦的一条重要河流，该河流发源于英格兰南部科茨沃尔德丘陵靠近塞伦塞斯特的地方，在绍森德附近注入北海。泰晤士河水网较复杂，支流众多，其主要支流有彻恩河、科恩河、科尔河、温德拉什河、埃文洛德河、查韦尔河、雷河、奥克河、肯尼特河、洛登河、韦河、利河、罗丁河、达伦特河等。伦敦泰晤士河多年平均流量60.0 m^3/s，多年平均径流量159×10^8 m^3，人均占有量约为270 m^3。泰晤士属于潮汐河流，导致伦敦易受洪水侵袭。

（5）土壤类型

伦敦市土壤大多为季节性微酸性壤土和黏土、季节性酸性壤土和黏土、弱酸性壤土、强酸性沙土和壤土等[①]。其中，季节性微酸性壤土和黏土以及弱酸性壤土最多；季节性微酸性壤土和黏土主要分布在伦敦的西北部；一般强酸性沙土和壤土主要分布在伦敦西南部；排水较好的强酸性沙土和壤土分布在伦敦的东南部；壤土分布在伦敦的西部和东部。

（6）植被状况

伦敦常见的植物物种包括槭树、栎树、桦树、白蜡树和山楂树等，树种株数比例及叶面积指数见表3-1。

表3-1　伦敦市常见的植物物种株数比例及叶面积指数　　单位：%

树种	株数比例	叶面积指数	树种	株数比例	叶面积指数
槭树	7.79	11.23	白蜡树	4.44	5.71
栎树	7.29	9.96	柏树	3.62	3.04
桦树	6.19	4.36	柳树	3.10	3.37
山楂树	6.17	2.48	橡树	2.72	3.94

根据对乔木胸径调查的数据显示，伦敦大多数树木胸径较小，约30%大于30 cm，约70%小于30 cm。其中，约35%的树木胸径小于15 cm。将伦敦树木的叶面积平铺后，占整个伦敦面积的73%。截至2015年，伦敦地区超过86%的树木被认为处于良好状态，只有不到5%的树木状态不佳。在伦敦内环，这一比例略微下降至83%，而在伦敦外环，这一比例为87%（Rogers et al.，2015）。

（7）社会经济状况

根据2018年英国国家统计局数据，伦敦的GDP为6 532亿美元，约占英国GDP的20%，人均工资为4.3万英镑。

在19世纪末和20世纪初的一段时间内，伦敦是世界上人口最多的城市，直至1925年被纽约超越。目前，伦

① 英国土壤监测网UK SOIL OBSERVATORY（UKSO），http://mapapps2.bgs.ac.uk/ukso/home.html。

敦是欧洲人口最多的都会区。1931年第二次世界大战爆发前，伦敦的人口为809.89万人，而2001年人口普查时则下跌至717.20万人。1991—2001年，伦敦的净移民数量为72.6万人。2011年伦敦人口为817.39万人，2016年为878.79万人，2017年增长了11.21万人，达890万人。

3.1.1.2 伦敦市城市森林资源情况

2015年，伦敦植被种植面积为15%，植被覆盖率为21%。在2050年的最新环境战略中，伦敦将进一步提高10%的植被覆盖率。自2016年以来，伦敦市政府资助了伦敦各地种植超过28.0万棵树。2016年5月—2019年3月，共植树17.5万株。2017年以来，伦敦政府为80多个社区，提供近150万欧元，用于种植10.0万株树。

截至2015年，伦敦大约有842.1万棵乔木，这些乔木组成了伦敦的城市森林，其中，内环共有158.7万株树，外环有683.4万株树（图3–1）。伦敦及其内环、外环植被面积分别占总面积的14%、13%、14%，植被覆盖率达21%、18%、21%。据估计，842.1万棵乔木中，57%为私人所有，43%为公共所有。伦敦最常见的乔木类型是槭树、栎树和桦树，分别占总乔木树种的7.80%、7.30%和6.20%。在伦敦内环，桦木属、椴树和苹果属是3种最常见的树种，分别占乔木树种的11.7%、6.2%和5.9%。在伦敦外环，3种最常见的树种是槭树、栎树和山楂树，分别占8.5%、8.3%和6.8%。

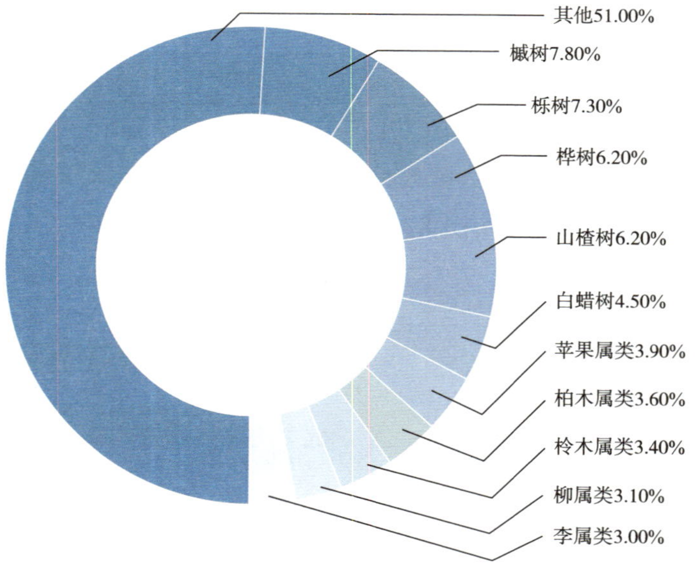

图3–1 伦敦市城市森林树种类型结构（Rogers et al.，2015）

3.1.1.3 伦敦市城市森林生态系统服务价值评估

伦敦林业委员会（London Forestry Commission）、伦敦绿地信息中心（Greenspace Information for Greater London）和伦敦树木管理协会（London Tree Officers Association）等以i-Tree Eco模型为工具，从伦敦内环和郊区随机选择了724个地块（200个位于伦敦内环，524个位于伦敦外环）。以2014年和2015年的固定样地调查数据、2011—2014年的天气数据和2014年的污染数据为基础，对伦敦城市森林的植被状况和生态系统服务价值进行了评估，成果于2015年12月出版（Rogers et al.，2015）。调查内容包括树木的数量和种类、树的高度和胸径、树冠的大小、树冠光照情况、树的健康状况和长势等。生态系统服务价值评估包括空气净化、水源涵养、节能减排、生物多样性保护等（表3–2）。

表3–2 伦敦市城市森林评估的调查内容（Rogers et al.，2015）

评估内容	评估指标
城市森林结构与组成	土地利用和地表覆盖； 物种和大小等级分布； 物种优势； 叶面积和冠层覆盖； 树种多样性； 生物多样性和传粉者
生态系统服务	空气净化（一氧化碳、二氧化碳、二氧化硫、臭氧、PM10、PM2.5）； 碳储量； 固碳； 水源涵养； 节能减排
结构价值	重置成本； 舒适度价值
潜在或现有病虫害	亚洲天牛、白蜡窄吉丁、舞毒蛾和槭树萎蔫病等

此次调查评估结果表明，伦敦外环以内常见树种主要为槭树、栎树、桦树、白蜡树和山楂树等，数量约为842.1万棵，树木覆盖度为14%。城市森林生态系统服务价值为空气净化2 241 $t\cdot a^{-1}$（12 610万英镑/年）、水源涵养3 414 000 $m^3\cdot a^{-1}$（280万英镑/年）、碳储量2 367 000 t（14 690万英镑）、碳固定872 000 $t\cdot a^{-1}$（479万英镑/年），总价值合计13 270万英镑/年。

伦敦城市森林每年消除污染物总量为2 241 t，平均0.014 $t\cdot hm^{-2}$，总价值达1.26亿英镑。包括一氧化碳（32 t，2.99万英镑）、二氧化氮（698 t，5 495.47万英镑）、臭氧（997 t，651.17万英镑）、PM10（299 t，6 326.84万英镑）、PM2.5（153 t，114.95万英镑）和二氧化硫（62 t，10.22万英镑），见表3–3。

表3–3　伦敦市城市森林每年消除污染物的价值和数量（Rogers et al.，2015）

污染物类型	每年减少污染物质量/t			每年减少污染物价值/英镑		
	伦敦内环	伦敦外环	大伦敦区	伦敦内环	伦敦外环	大伦敦区
一氧化碳	11	21	32	10 360	19 561	29 921
二氧化氮	288	410	698	28 433 674	26 521 053	54 954 727
臭氧	86	911	997	564 111	5 947 607	6 511 718
PM10	105	194	299	28 588 993	34 679 430	63 268 423
PM2.5	43	110	153	323 814	825 666	1 149 480
二氧化硫	28	34	62	45 141	57 038	102 179

伦敦城市森林中储存着236.7×10^4 t（约15 t·hm^{-2}）碳，价值约为14 700英镑。其中186.8×10^4 t储存在伦敦外环，49.9×10^4 t储存在伦敦内环。2014年固碳量77 200 t，其中内环15 900 t，外环61 300 t。考虑到死亡和即将死亡的树木，净固碳量估计为每年65 534 t（约2.4 t·hm^{-2}），价值估计为390万英镑/年。随着树木的生长和碳的社会成本（每吨碳的价值）的增加，价值将以非线性的方式增加。

大伦敦地区近40%的地表为不透水面，覆盖着沥青、混凝土或建筑物。伦敦地区的树木总数约为842万棵，叶面积约为1 047 km^2，削减径流341.4×10^4 m^3（价值150万英镑）。伦敦内环有158.72万棵树，削减径流70.5×10^4 m^3（价值56.89万英镑），外环有683.40万棵树，削减径流270.90×10^4 m^3（价值220万英镑）。

据估计，伦敦的树木每年可减少建筑物的能源成本约315 477百万英镑。树木还减少了化石燃料发电厂的碳排放量（882 t），提供了额外的52 920英镑的价值。在伦敦地区取样范围内共有126个不同的物种，每公顷大约有4.83个物种。可以预料，虽然伦敦内环每公顷的物种数（9.97个）大于伦敦外环（5.43个），但伦敦外环（103个）的物种数要多于伦敦内环（71个）。在香农多样性指数上（1.5被认为是低的，3.5被认为是高的），伦敦内环（3.66）和伦敦外环（3.75）都表现出较高的生物多样性水平。使用相同的指数，伦敦的物种数量高于英国托贝（3.32）、爱丁堡（3.2）、格拉斯哥（3.3）和雷克瑟姆（3.1）等城市。伦敦大约21%的树木种群是克隆形成的，这意味着它们的基因相同，因此更容易受到特定害虫和/或疾病的侵袭。

据估计，在伦敦地区发生的亚洲天牛（*Anoplophora glabripennis*）虫害可能对380万棵树木造成影响，而这些树木占到了树木总数的31%。更换这些树将花费230亿英镑。类似于舞毒蛾（*Lymantria dispar*）和白蜡窄吉丁（*Agrilus marcopoli* Obenberger）等寄生物种寄生在伦敦约250万棵乔木中，约占全部树种的21%，更换这些树将花费21亿英镑。

考虑到树木的大小和数量，2015年伦敦所有树木的结构价值为61亿英镑。其中，栎树是最有价值的树种，其次是槭树和白蜡树。这3种树木价值约21亿英镑（约占总价值的34%）。

3.1.2　纽约市城市森林生态系统服务价值评估

3.1.2.1　纽约市概况

（1）地理位置

纽约是美国人口最多的城市，2016年达到近8 537 673人，创历史新高，且多于第二大城市（洛杉矶）和第三大城市（芝加哥）人口的总和，对全球经济、商业、金融、媒体、政治、教育和娱乐具有极大影响力。纽约市位于美国东北部、纽约州东南部，濒临大西洋海岸，紧邻哈德逊河，共有曼哈顿区、皇后区、布鲁克林区、布朗克斯区、斯塔滕岛区5个行政区。

（2）地形地貌

截至2017年，纽约市总面积约12 144 km^2，其中425 km^{2}为水域，789 km^{2}为陆地。城内最高海拔点在斯塔滕岛的托德山，约124.9 m，是缅因州以南东部沿岸的最高地。

（3）气候条件

纽约属于北温带，是亚热带湿润气候，西北的城郊地带位于亚热带湿润气候和温带大陆性湿润气候的过渡区。四季分明，雨水充沛，气候宜人；夏季平均温度为23 °C，冬季寒冷潮湿，平均温度为1 °C；年均见晴日为234天，年日照率为57%，年平均日照时间为2 535 h；年均降水量约1 260 mm，年均降雪量约66 cm；飓风和热带风暴较少。

（4）水文资源

纽约水文资源丰富，水域面积达425 km^2，占到纽约总面积的35%以上。哈德逊河流经哈德逊河谷进入纽约湾，为纽约和新泽西州的分界线；东河流经长岛海湾，将布朗克斯和曼哈顿与长岛隔开；哈莱姆河位于东河与哈德逊河之间，分隔曼哈顿和布朗克斯两行政区；布朗克斯河流经布朗克斯和威斯特彻斯特郡，是纽约市唯一的淡水河流。

（5）土壤类型

纽约有约62.7%的地表为不透水表面，其他土壤类型包括人为改变或人类运输的土壤（27.6%）、天然土壤（8.6%）和杂质地区（岩石和海滩）（1.1%）。天然土壤中主要有棕壤（2.6%）、红壤（2.1%）、沼泽土壤（2.0%）、冰水沉积物土壤（1.5%）、砂砾土（0.3%）和矿物土壤（0.1%）（Shaw et al.，2016）。

（6）植被状况

纽约植被类型丰富，就数量而言，最常见的前20种树种是挪威枫树（6.1%）、北方尖叶扁柏（5.7%）、臭椿（5.5%）、檫木（4.7%）、白橡木（4.3%）、洋槐（4.1%）、黑桦树（3.9%）、杨梅（3.6%）、阔叶落叶乔木（3.4%）、红枫（3.3%）、法国梧桐、雪松、豆梨树、山核桃、针栎、北方朴树、红豆杉、枫香、北方红橡树、郁金香树。就叶面积大小而言，具有较大叶面积的常见树种是挪威枫树、法国梧桐、刺槐、针栎和红枫树（Nowak et al.，2018）。

（7）社会经济状况

纽约是全球商业和经贸的枢纽，与伦敦和东京并列为世界上三个最重要的金融中心。根据2010年的数据，纽约都会区的生产总值达到近1.28万亿美元，是美国最大的区域经济体。房地产是纽约市经济成长的重要动力，2015年纽约全市的房地产总值估计为9 148亿美元；纽约的电影与电视产业为美国第二强，仅次于好莱坞；纽约是多条跨大西洋光纤缆线的终点，由此促进了生物科技、软件开发、游戏设计和网络服务等高科技产业的成长，其他重要的经济领域包括医疗研究与科技、非营利组织和大学等。

3.1.2.2　纽约市城市森林资源情况

截至2013年，纽约市约有6 977 000棵树；树木覆盖率为21%，按树木覆盖率从高到低排序，行政单元依次为斯塔滕岛区（30%）、布朗克斯区（23%）、曼哈顿区（20%）、皇后区（18%）和布鲁克林区（16%）；树木密度为35.9棵/英亩，按树木密度由高到低排序，行政单元依次为斯塔滕岛区（67.9棵/英亩）、布朗克斯区（48.4棵/英亩）、布鲁克林区（27.0棵/英亩）、皇后区（约26.0棵/英亩）和曼哈顿区（约15.0棵/英亩）（图3–2）（Nowak et al.，2018）。

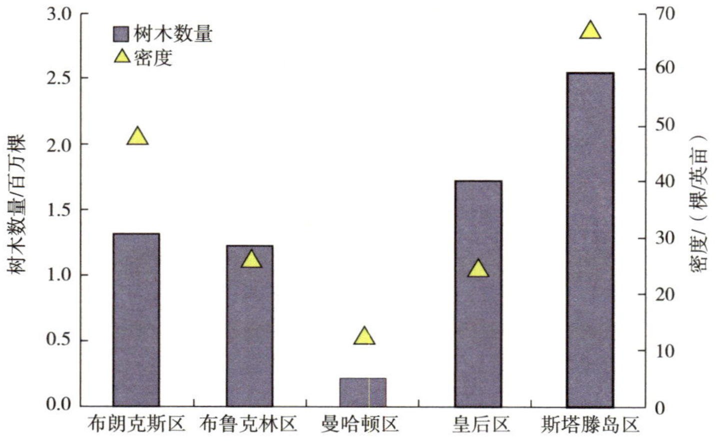

图3–2　纽约市城市森林树木数量及密度（Nowak et al.，2018）

3.1.2.3　纽约市城市森林生态系统服务价值评估

2007年2月，美国农业部林业局北方研究站（US Department of Agriculture，Forest Service，Northern Research Station）以UFORE模型为工具，以1996年的固定样地调查数据为基础，就纽约城市森林的构成、功能和价值进行了评估，结果表明，纽约市树木常见树种主要为臭椿、黑樱桃、枫香，数量约为520万棵，覆盖度为20.9%，城市森林结构价值（即林木价值）为52亿美元（各树种结构价值见图3–3）；纽约城市森林碳储量和碳固定分别为135×10^4 t和423 000 $t\cdot a^{-1}$，分别折合2 490万美元和779 000美元/年（各树种碳固定量及其价值见图3–4）；年度消除空气污染2 202 t，折合1 060万美元/年；年度减少建筑能源消耗1 120万美元；年度减少碳排放167 000美元（Nowak et al.，2007）。具体结果见表3–4。

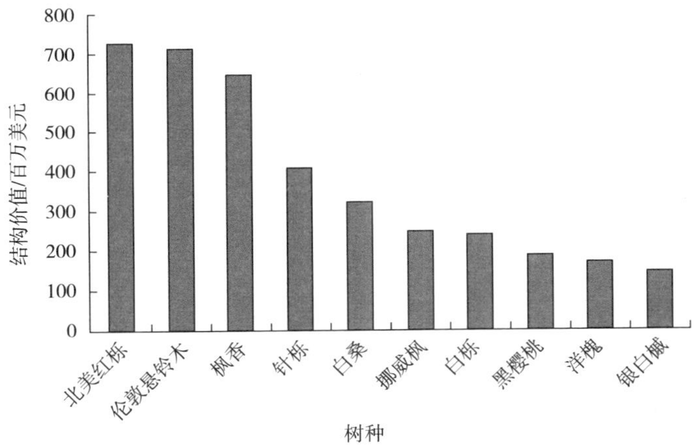

图3–3　纽约市城市森林不同树种的结构价值
（Nowak et al.，2007）

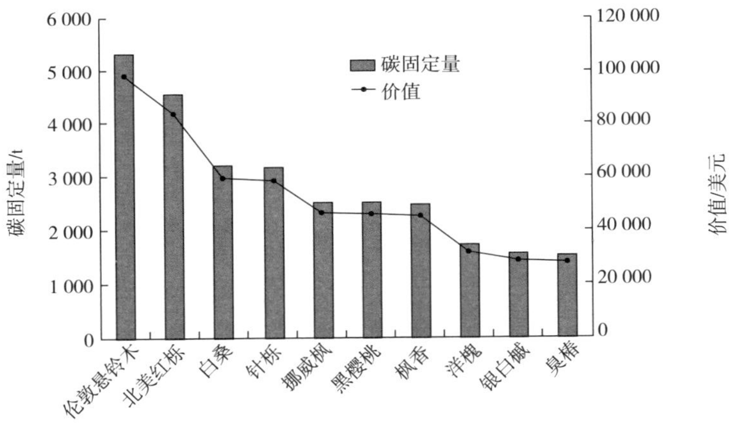

图3–4　纽约市城市森林不同树种碳固定量及其价值
（Nowak et al.，2007）

表3–4　纽约市城市森林生态系统服务价值评估结果（Nowak et al.，2007）

指标	数值
树木数量	520万棵
树木覆盖度	20.9%
胸径小于6英寸的树木比例	42.7%
污染清洁量	2 202 $t\cdot a^{-1}$（1 060万美元/年）
碳储量	135×10^4 t（2 490万美元）
碳固定量	423 000 $t\cdot a^{-1}$（779 000美元/年）
建筑能源消耗降低量	1 120万美元/年
减少碳排放量	167 000美元/年
结构价值	52亿美元

2007年3月，美国农业部林业局城市森林研究中心以资源结构（物种组成、多样性、年龄分布等）、资源功能（环境和美学效益）、资源价值（经济价值）和资源管理需求（可持续性、种植、养护等）为城市森林资源生态服务评价内容，以纽约全市范围行道树普查结果为基础数据，利用效益–成本建模方法，对市内行道树的生态服务价值进行评估。效益指标包括能源节约、二氧化碳固存、空气质量改善、暴雨洪涝缓解、美学和其他效益5个方面，成本包括种植、修剪、虫害治理、移走、管理、基础设施维修、其他损耗7个方面，年度总效益为12 190万美元（平均209美元/株，14.93美元/人）（表3–5）。皇后区、布鲁克林区、布朗克斯区、斯塔滕岛区和曼哈顿区行道树单树年均效益分别为223美元/株、220美元/株、202美元/株、183美元/株和167美元/株（Peper et al.，2007）。

表3–5 纽约市城市行道树效益–成本模型效益统计结果（Peper et al.，2007）

指标类型		效益总值/美元	树均效益/（美元/株）	人均效益/（美元/每人）
效益指标	能源节约	27 818 220	47.73	3.41
	二氧化碳固定	754 947	1.29	0.09
	空气质量改善	5 269 572	9.02	0.65
	暴雨洪涝缓解	35 628 224	61.00	4.36
	美学/其他	52 492 384	89.88	6.43
	效益总计	121 963 347	208.83	14.93
成本指标	种植	8 160 000	13.97	1.00
	修剪	1 871 000	3.20	0.23
	虫害治理	135 000	0.23	0.02
	移植	1 784 976	3.06	0.22
	管理	6 255 000	10.71	0.77
	基础设施维修	3 000 000	5.14	0.37
	其他损耗	568 600	0.97	0.07
	成本总计	21 774 576	37.28	2.67
净效益		100 188 771	171.55	12.27
效益–成本比例		5.60		

2018年9月，美国农业部林业局将实地数据收集和模型分析相结合，采用2013年调查数据、利用i–Tree模型评估了纽约全市树木，以量化其城市森林结构（物种组成、树木数量、树木健康、叶面积、物种多样性等）、环境影响和社会价值。结果表明，纽约市的树木储存约120×10^4 t 碳（420×10^4 t 二氧化碳），折合1.53亿美元；年度固定约51 000 t 碳（186 000 t 二氧化碳），折合680万美元/年；年度清除约1 100 t空气污染，折合7 800万美元/年；年度减少住宅能源成本1 710万美元；年度减少径流6 900万立方英尺，折合460万美元/年；树木的补偿价值估计为57亿美元（Nowak et al.，2018）。

对纽约城市森林生态系统服务价值进行评估，可帮助决策者提高对城市森林资源的认识、了解城市森林对环境的影响机制，改善城市森林政策制定、规划建设和养护管理，从而更好地向社会提供相关生态系统服务，提高城市区域居民的健康水平和环境质量。

3.1.3 多伦多市城市森林生态系统服务价值评估

3.1.3.1 多伦多市概况

（1）地理位置

多伦多市为加拿大最大的城市、安大略省首府，坐落在安大略湖西北岸的南安大略地区。多伦多市地理面积为630 km^2，南部以安大略湖为界，西部以埃格林顿大道和427高速公路为界，北部为斯蒂尔斯大街，东面为胭脂河及斯卡伯勒–皮克辛镇线。多伦多市西临密西沙加市，北邻旺市和万锦市，东接皮克灵市，并与皮尔区、荷顿区、约克区和杜林区组成全加拿大最大的都会区——大多伦多地区。

（2）地形地貌

多伦多大多是平坦或平缓的丘陵，土地从安大略湖面逐渐向上倾斜。河系被众多溪流和河流割断，最引人注目的是西端的亨伯河、市区以东的唐河和城市东部边界的胭脂河。大部分峡谷和山谷地成为公园，沿山沟和山谷布置了休闲步道。多伦多的另一个地理特征是悬崖，在最后一个冰河时期，多伦多的下部位于易洛魁冰川湖下方。如今，一系列陡峭的悬崖标志着该湖的前边界，即“易洛魁海岸线”。

（3）气候状况

多伦多四季长度差异较大，春季和秋季是过渡季节，通常温度适中或凉爽，干湿交替，时间较短，白天的平均温度约为10～12 ℃。夏季气候温润，白天的温度通常高于20 ℃，温度较高时会升高到30 ℃以上，偶尔可能超过35 ℃，并伴有高湿度。而冬季则十分寒冷，温度通常低于0 ℃，降雪通常出现在11月到4月中旬。多伦多全年的降水分布相对均匀，但夏季通常最为潮湿，年平均降雨量约为831 mm，年平均降雪量约为1 220 mm。

（4）社会经济状况

多伦多是加拿大的经济中心，接近美国东部工业发达地区，如芝加哥等城市。汽车工业、电子工业、金融业及旅游业在多伦多经济中占有重要地位，加拿大最大的汽车制造厂设在此，其高科技产品占全加拿大的60%。加拿大有名的大银行总部，如皇家银行、帝国银行、蒙特利尔银行等全部汇集于此，90%的外国银行驻加分支机构也设在此。此外，附近著名的尼亚加拉瀑布每年吸引约3 000万旅游者。

根据2016年统计数据，多伦多人口约为293万。同时，多伦多移民众多，居民中的49%为来自世界各地的移民。它还是北美地区有名的华人聚居地，约有40多万华人。

3.1.3.2 多伦多市城市森林资源情况

截至2009年，多伦多市城市森林约有1 020万棵树，乔木和灌木覆盖了约26.6%的面积，这一覆盖率估计是基于当年航空图像上的10 000个随机取样点的解译估算获得。城市森林中最常见的3种树种是东部白雪松（15.6%）、糖枫（10.2%）和挪威枫（6.5%）。而前10种最常见的树种占所有树种的57.7%（图3–5）。树木密度最高的用地类型是公园用地（501.5棵 ·hm^{-2}），其次是单户住宅（180.9棵 ·hm^{-2}）和其他土地用途（152.2棵 ·hm^{-2}）。多伦多的总树木密度为160.4棵 ·hm^{-2}。1999—2009年，多伦多乔灌木覆盖率从25.3%上升到26.6%，每年平均增长约0.12%。

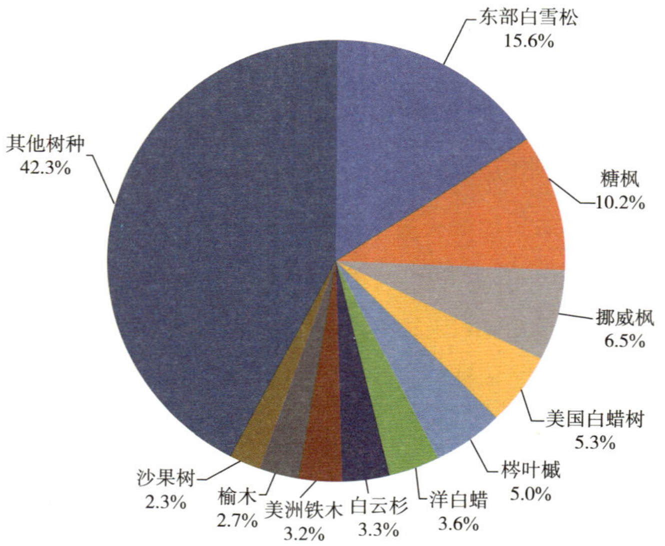

图3–5 多伦多市城市森林树种结构（Nowak et al.，2013）

在多伦多，大约64%的树木是安大略省本土的树种。但外来树种挪威枫树对多伦多本地物种的生物多样性产生了强烈影响。为了保持栖息地生物多样性和稳定性，增强城市森林的生态功能，多伦多的某些地区正在采取迁移入侵树种和重新种植本地树种的政策来加强对城市森林的管理。

3.1.3.3 多伦多市城市森林生态系统服务价值评估

2008年多伦多城市森林的生态服务价值评估表明，城市森林的结构价值约为71亿加元，随健康树木数量和年龄的增加而提高。多伦多城市森林储存了约110×10^4 t的碳，价值约2 500万加元。此外，这些树木每年可清除约1 905 t空气污染物（1 690万加元/年），减少约970万加元的建筑能源消耗，每年产生固碳价值110万加元（表3–6）。

表3-6　多伦多市城市森林生态系统服务价值评估结果（Nowak et al.，2013）

属性	数值
树木数量	10 220 000棵
树木覆盖度	26.6%
胸径小于6英寸的树木比例	68.6%
污染清洁量	1 905 $t \cdot a^{-1}$（1 690万加元/年）
碳储量	110×10^4 t（2 500万加元）
碳固定量	46 700 $t \cdot a^{-1}$（110万加元/年）
建筑能源消耗降低量	970万加元/年
减少碳排放量	38.22万加元/年
结构价值	71亿加元

3.2 国内典型案例

3.2.1　北京市城市森林生态系统服务价值评估

3.2.1.1　北京市概况

（1）地理位置

北京市位于华北平原北端，北以燕山山地与内蒙古高原接壤，西以太行山与山西高原毗连，东北与松辽大平原相通，东南距渤海约150 km，往南与黄淮海平原连片。北京傍山面海，幅员辽阔，自然条件优越，地理位置极为重要，南起北纬39°28′，北到北纬41°05′，西起东经115°25′，东至东经117°30′，南北长约176 km，东西宽约160 km，总面积168×10^4 km^2。至2016年，北京市辖东城、西城、海淀、朝阳、丰台、门头沟、石景山、房山、通州、顺义、昌平、大兴、怀柔、平谷、延庆、密云16个市辖区，147个街道、144个镇、33个乡、5个民族乡。

（2）地形地貌

北京市山区面积10 200 km^2，约占总面积的62%，平原区面积为6 200 km^2，约占总面积的38%。地形西北高，东南低。西部为西山，属太行山脉；北部和东北部为军都山，属燕山山脉。最高山峰为京西门头沟区的东灵山，最低的地面为通州区东南边界。平均海拔43.5 m，平原海拔高度在20～60 m，山地海拔1 000～1 500 m。

（3）气候条件

北京市地处中纬度地带，气候具有明显的暖湿带、半湿润大陆性季风气候，四季分明。春季干旱，秋季天高气爽，冬季寒冷干燥。风向有明显的季节变化，冬季盛行西北风，夏季盛行东南风。春季气温回升快，昼夜温差大，干旱，多风沙；夏季高温多雨，月平均气温26～27 °C，最高气温有时超过40 °C；秋季天高气爽，日朗月明；冬季寒冷干燥，晴朗少雪，月平均气温4.7 °C。

受地形和大陆季风的影响，北京市降水量时空分布不均，主要表现为：①降水量年际变化大，北京市多年平均降水量为585 mm，但年际之间变化大；②丰水年与枯水年交替发生，亦可连续发生，个别地区丰水年或枯水年可长达数年；③年内降水分布不均，一般年份汛期（6—9月）降水量约占全年降水量的85%以上；④有明显的地区分布规律，由东南或西南输送来的大量水汽受地形阻挡，抬升作用将北京市分成3个降水量等级区。

（4）水文资源

北京天然河道自西向东贯穿五大水系：拒马河水系、永定河水系、北运河水系、潮白河水系、蓟运河水系。多由西北部山地发源，穿过崇山峻岭，向东南蜿蜒流经平原地区，最后分别汇入渤海。北京没有天然湖泊，有人工水库85座，其中大型水库有密云水库、官厅水库、怀柔水库、海子水库。2008年，北京市地下水多年平均补给量约为29.21×10^8 m^3，平均年可开采量约24×10^8～25×10^8 m^3。一次性天然水资源年平均总量为55.21×10^8 m^3（贺国平 等，2005）。

（5）土壤类型

北京土壤形成因素复杂，土壤类型多种多样，地带性土壤为褐土。土壤共分为7个大类、17个亚类。7个大类为：山地草甸土、山地棕壤、褐土、潮土、沼泽土、水稻土、风砂土。17个亚类中山地淋溶褐土所占面积最大，其次是普通褐土和潮土。土壤随海拔由高到低表现出明显的垂直分布规律；由于不同地区成土过程存在差异，主要的土壤分布有明显的垂直分布规律。

（6）植被状况

受暖温带大陆性季风气候的影响，北京地带性植被类型是暖温带落叶阔叶林并间有温性针叶林，植被种类组成丰富、类型多样，有明显的垂直分布规律。北京开发历史悠久，各种生产活动对植被结构和分布有着深刻的影响。山区植被因受人类活动强烈破坏，现存植被为次生性质；平原地区已被改造为农田（包括防护人工林网）、城镇和基础设施用地（包括绿化隔离带）。从植被现状看，山地植被垂直分布可分为低山落叶阔叶灌丛和灌草丛带、中山下部桦树林带、中山上部桦树林带和山顶草甸带。山间盆地及沟谷地带生长有杨树、柳树、榆树、桑树、核桃楸、板栗、柿树等树木。人工栽植的树种主要有油松、侧柏、落叶松、刺槐、杨树、柳树、国槐、椿树、栗树、黄栌、火炬树、元宝枫等。

（7）社会经济状况

2017年北京市生产总值为28 000.4亿元，居中国城市第二位，仅次于上海。与2016年相比，其中，第一产业增加值120.5亿元，下降6.2%；第二产业增加值5 310.6亿元，增长4.6%；第三产业增加值22 569.3亿元，增长7.3%。到2017年末，全市常住人口2 170.7万人，全年全市居民人均可支配收入为57 230元，全年全市居民人均消费支出为37 425元。

3.2.1.2 北京市城市森林资源情况

2018年北京市森林资源调查数据显示，全市林地面积109.93×10^4 hm^2，占土地面积的65.40%；其中森林面积77.76 hm^2，占土地面积的46.26%；林木面积为100.93×10^4 hm^2，占土地面积的60.05%。2018年全市林木绿化率为61.50%，森林覆盖率为43.5%；活立木蓄积量达$2\ 246.78\times10^4$ m^3，森林蓄积量为$1\ 798.00\times10^4$ m^3；共发生一次森林火灾，森林火灾受害森林面积为0.89 hm^2。

3.2.1.3 北京市城市森林生态系统服务价值评估

北京市是我国的政治、经济和文化中心。然而，北京市常年遭受环境污染的困扰，如沙尘暴、大气污染、水污染和土壤污染等，严重影响了经济社会的发展和居民的身心健康。为了应对这些环境问题，过去20年，北京市先后启动了退耕还林工程、环北京治沙工程、重点生态防护林建设工程等林业工程，全市森林覆盖率、林地面积等森林资源指标逐年稳步上升。在市域范围内，初步建成了平原综合防护林体系、重点风沙危害区的防沙治沙屏障、前山风景林带、浅山水土保持林、水源涵养林、经济林区和深山自然保护区等。

过去20多年，相关学者持续关注了北京市森林生态系统服务功能及其价值。李忠魁 等（2001）根据“八五”森林资源二类调查结果和当时的林业及国民经济统计数据，首次系统测算出北京市森林资源林地价值、木材和果品产出价值、生态环境价值及社会效益价值四大部分价值分别为20.8亿、159.16亿、2 119.88亿和13.53亿元人民币，总计为2 313.37亿元人民币。其中，生态环境资源价值占总价值的91.63%，价值大小顺序为：涵养水源、净化环境、生物多样性保护、固碳释氧转化太阳能、防护林、景观游憩和保育土壤。北京市森林的实物价值与其环境价值的比值是1∶13.3。

田刚 等（2004）对北京市人工草地与人工林木、人工景观水面与人工湿地的生态系统服务价值进行了估算和对比分析，结果显示北京地区的人工草地（–3 018元·hm^{-2}）和人工景观水面的生态系统服务价值皆为负值（–5 781元·hm^{-2}），而人工林木（3 011元·hm^{-2}）和人工湿地（106 014元·hm^{-2}）的生态系统服务价值较高。

张颖 等（2008）参考联合国《综合环境经济核算手册》（SEEA，2003）和联合国粮农组织（FAO）林业环境经济核算账户的内容，对2000年北京森林进行了绿色核算，结果表明北京城市森林的环境服务、社会效益远高于经济效益。2000年北京森林的社会、环境效益为790.2亿元，其中：森林保健和游憩价值为2.60亿元，涵养水源价值为95亿元，调节气温价值为497.9亿元，净化空气和生物多样性保护价值分别为50.76和32.81亿元。2004年上述这些价值又有所增长，其中涵养水源价值增长到224.52亿元，净化空气价值增长到56.72亿元，调节气温和森林生物多样性保护价值分别增长到556.41和36.6亿元。总的来看，2000—2004年，北京森林的社会、环境效益总体提高11.7%，超过了GDP的平均增长速度，这些效益也远高于林地、林木、经济林的年经济效益增长速度。

王莉（2009）分析评估了北京城市森林固碳、生物多样性保护、森林游憩以及大气净化4个方面的功能效益，结果表明2004年北京城市森林生态系统服务价值为497.16亿元。其中，森林固碳价值6.82亿元、生物多样性保护价值473.52亿元、森林游憩价值14.14亿元、大气净化价值2.68亿元。

孙莹 等（2013）对北京市“九五”和“十五”期间森林生态系统服务价值进行了动态分析，发现北京市森林生态系统服务功能年均总价值从139.11亿元增长到155.53亿元，年平均增速为11.80%；而年均单位面积价值却从4.12万元 $\cdot hm^{-2}$降低到4.11万元 $\cdot hm^{-2}$，年平均降低了0.24%。6项服务价值由大到小排列顺序为：涵养水源价值、固碳释氧价值、生物多样性保护价值、净化大气环境价值、保育土壤价值、积累营养物质价值。其中涵养水源和固碳释氧价值约占年总服务价值的62.05%。幼龄林比重大，全市森林生产力低下使固碳释氧价值的比重增长最慢。

仇琪（2013）利用遥感影像解译出北京市林地面积，结合样地实测数据以《森林生态系统服务功能评估规范》（LY/T 1721—2008）来计算每年森林生态系统服务价值，其中生态系统服务功能包含涵养水源、保育土壤、净化环境、固碳释氧4个方面；社会服务价值核算内容包含游憩、文化教育、拉动经济产业发展、林业公共管理、生态系统服务功能性建设5个方面。结果表明，北京市延庆区、门头沟区、海淀区、平谷区、昌平区、怀柔区以及密云区2012年森林资源总价值分别为：林木资源价值1 380.62亿元，林地资源价值904.42亿元，生态系统服务价值360.37亿元，社会服务价值29.06亿元，森林资源总价值2 645.09亿元。森林资源总价值最高的是密云区，其次为怀柔区。

张彪 等（2014）对北京市生态涵养发展区的生态系统服务价值进行了动态评估，结果表明该区域2008年生态系统服务价值总值约322.91亿元，其中林地的总服务价值为280.73亿元，占4类生态系统类型（林地、草地、农田、水域）总价值的85.9%；林业生态系统服务单位面积价值为49 269元 $\cdot hm^{-2}$；在该区域包含的5个区中，密云区生态系统服务价值最大，为83.55亿元，占当年生态系统服务价值总量的25.9%。

上述研究表明，随着森林面积的增加和多类生态公益林业工程的建设，北京城市森林生态系统服务在持续增强。在各项生态系统服务指标中，北京城市森林涵养水源、调节气候和净化环境的价值较为突出。尽管北京市森林保护和资源发展取得了较大成就，但由于自然资源稀缺和生态环境脆弱，城市化进程加快，人口不断增加，自然资源开发力度不断加大，以空气污染、水土流失等为代表的环境问题仍很突出。同时，北京市森林资源分布不均、质量不高，中幼林及灌木林面积大，仍有相当一部分低质低效林，严重制约了森林净化大气环境、固碳释氧、涵养水源等生态系统服务功能的发挥。

在北京市的“十二五”计划中，北京市城市规划已经将生态保护提到了更加重要的位置，旨在把北京建设成为一个生态文明城市。2012年，北京启动了百万亩造林工程，历时4年，共计造林700.04 km^2，植树5 400多万株，该工程扩大了北京森林生态体系，改善了首都空气质量，缓解了热岛效应，并在一定程度上改善了部分就业问题。

3.2.2 广州市城市森林生态系统服务价值评估

3.2.2.1 广州市概况

（1）地理位置

广州地处中国南部、广东省中南部、珠江三角洲中北缘，东经112°57′～114°03′，北纬22°26′～23°56′，是西江、北江、东江三江汇合处，濒临中国南海，东连博罗、龙门两县，西邻三水、南海和顺德，北靠清远市区、佛冈县及新丰县，南接东莞市和中山市，隔海与香港、澳门相望，是海上丝绸之路的起点之一，中国的“南大门”。广州市下辖11个市辖区：越秀区、海珠区、荔湾区、天河区、白云区、黄埔区、南沙区、番禺区、花都区、从化区、增城区。

（2）地形地貌

广州是三角洲平原与低山丘陵区的过渡地带，东北高、西南低。北部是森林集中的丘陵山区，最高峰为北部从化区与龙门县交界处的天堂顶，海拔为1 210 m；东北部是由花岗岩与变质岩组成的低山丘陵区，海拔一般在300 m以下，地形高差250 m左右，坡度15°～35°；西部是由河流堆积组成的冲积平原；南部为微向南倾斜的珠江三角洲平原，海拔5～7 m，为珠江三角洲的组成部分，其中分布零星的残丘和台地；中部是丘陵盆地。

（3）气候条件

广州地处南亚热带，属南亚热带季风海洋性气候。背山面海，温暖多雨，年平均降雨量1 857.7 mm。年平均日照时数1 536.8 h。具有光热充足、温差小、夏季长、霜期短等气候特征。由于水热同期，非常有利于植物的生长，但受到台风等自然灾害的威胁也较大。

（4）水文资源

广州市地处南方丰水区，境内河流水系发达，大小河流（涌）众多，水域面积广阔，集雨面积在100 km^2以上的河流共有22条，河宽5 m以上的河流1 368条，总长5 597.36 km^2，河道密度0.75 $km\cdot km^{-2}$，构成独特的岭南水乡文化特色，对改善城市景观、维持城市生态环境的稳定起到积极的作用。

广州市本地水资源较少，过境水资源相对丰富，其中本地平均水资源总量79.79×10^8 m^3，过境客水资源量1 860.24×10^8 m^3，是本地水资源总量的23倍。全市水域面积7.44×10^4 hm^2，占全市土地面积的10.05%，主要河流有北江、东江北干流及增江、流溪河、白坭河、珠江广州河段、市桥水道、沙湾水道等，北江、东江流经广州市汇合于珠江入海。南部河网区处于潮汐影响区域，径流量大，潮流作用强，每年潮流可带来大量的水量，部分是可以被利用的淡水资源。

（5）土壤类型

砖红壤、红壤和赤红壤是广东省最重要的地带性土壤，占全省土壤面积的5.15%、37.96%和24.80%；水稻土是广东省主要的土壤类型之一，在全省各地均有分布，面积44 442 km^2，占全省土壤面积的25.35%；潮土主要分布于珠江三角洲和韩江平原一些地势较高的地区，人为开发利用比较严重。

（6）植被状况

广州市及邻近的珠江三角洲地区主要位于北回归线以南地区，属于南亚热带地区，在植被区划上，属于亚热带常绿阔叶林区域，地带性植被为南亚热带常绿阔叶林。温暖湿润的自然环境为植物的生长提供了有利条件。目前，建成区的植物种类约1 100种，市域范围植物种类约3 100种，其中野生种类约2 000多种。植被主要以樟科、壳斗科、桃金娘科、桑科、大戟科、茜草科、山茶科、蝶形花科等热带及亚热带的属、种为主。植被在外貌上终年常绿，但随着一年中干、湿季的变化有着较显著的季相变化，干季部分树种落叶，草本植物有枯黄现象。在群落结构上，可分为乔木层、灌木层、草本层和层间植物，乔木层一般可分为2～3层。

（7）社会经济状况

2017年，广州市实现地区生产总值21 503.15亿元，居中国城市第4位，次于上海、北京、深圳。2017年，年末常住人口1 449.84万人，城镇化率为86.14%。年末户籍人口897.87万人，其中，户籍出生人口20.10万人。与2016年相比，全年城市居民消费价格总水平上升2.3%，全年城镇新增就业人口33.35万人。

3.2.2.2　广州市城市森林资源情况

随着城市化进程的加快，广州市及邻近的珠江三角洲地区天然植物群落面积日益减少，残存的一些次生林群落因生境破碎也受到很大影响。目前，受到较好保护的主要包括白云山风景名胜区、帽峰山森林公园、从化温泉自然保护区、从化陈禾洞自然保护区等。广州的主要天然林和次生林群落植被类型主要有针叶林（包括亚热带常绿针叶林和亚热带针阔叶混交林）、阔叶林（常绿落叶阔叶林混交林和常绿阔叶林）、竹林、灌丛、草丛和红树林。

截至2015年，广州市全市林业用地面积29.2×10^4 hm^2，森林覆盖率42.03%，森林蓄积量1 593×10^4 m^3，生态公益林18×10^4 hm^2，森林公园73个、总面积725.33 km^2，占国土面积的9.8%。近年来，广州市大力推进生态公益林体系全覆盖，通过实施“增加生态公益林面积、划定森林管护区、补贴森林管护区林地”等措施。结合林业生态工程建设和林业有害生物防治，全市实施碳汇造林1.07×10^4 hm^2，通过开展林分改造，营造多树种、多层次、多功能的森林生态系统，逐步提高生态系统稳定性和生物多样性。

3.2.2.3 广州市城市森林生态系统服务价值评估

近年来，国内学者对广州城市森林生态系统服务价值进行了评估。郭清和（2005）建立了由3个项目、14个类目、32项指标组成的生态系统服务价值评估指标体系，以年为时间单位，采用2003年的相关计算参数，比较系统地对广州城市森林生态系统服务功能与价值进行了全面评估，计算出广州市城市森林生态系统2003年生态系统服务功能的总价值为426.37亿元，相当于广州市当年地区生产总值的12.2%，第一产业的399.9%；各类服务价值大小的排列为：①调节城市小气候，占51.280%；②美化优化环境，占13.400%；③游憩，占7.388%；④生态产品，占4.712%；⑤净化水质，占4.027%；⑥营养贮存，占2.471%；⑦生产产品，占2.460%；⑧能量转化贮存，占2.355%；⑨文化教育，占2.324%；⑩固碳，占2.247%；⑪社会就业，占1.942%；⑫涵养水源，占1.666%；⑬营养元素循环归还，占1.499%；⑭吸收净化大气，占0.634%；⑮保持土壤，占0.471%；⑯生物多样性保护利用，占0.419%；⑰科学普及，占0.007%。生态功能、社会功能、生产产品三者价值的比例为93.26∶4.28∶2.46；生态价值为生产产品价值的约37.91倍，为社会价值的约21.79倍。

李琼（2005）认为广州市城市森林功能效应的发挥会受到生态系统稳定性、景观分布格局及城市森林类型的影响，对2003年广州市城市森林的各项生态系统服务功能进行定量评估，结果表明2003年广州市城市森林生态系统服务价值为31.10亿元，其中，涵养水源0.383亿元、水土保持0.230亿元、吸收营养元素0.199亿元、释放氧气0.366亿元、净化空气0.211亿元、吸热降温0.297亿元、景观游憩29.03亿元、生物多样性保护0.382亿元。此外，结合广州市城市森林建设的实际情况和目标要求，遵循城市森林经营管理的基本原则，作者还提出了提高城市森林生态系统服务的对策，即建立科学规划体系、完善技术支持体系、强化市场调节作用、加强林业信息化建设、弘扬与发展城市森林文化等。

邢星（2006）基于马克思主义政治经济学、效用价值论，探讨了5种森林生态效益评估方法，建立了生态效益评估模型，并对广州市四区四市城市森林的水源涵养效益、水土保持效益、碳氧平衡效益、净化空气效益以及生物多样性保护效益进行了评估，并在评估中首次采用不同生态功能等级对森林生态效益价值量进行了修正。研究结果表明：2004年广州市四区四市城市森林生态效益年价值量为165.13亿元（其中水源涵养效益价值

0.698亿元，水土保持效益价值4.99亿元，碳氧平衡效益价值157.22亿元，净化空气效益价值18.33亿元，维持生物多样性效益价值0.393亿元）。作者还发现各区、市总生态效益价值及各自分生态效益价值都不与森林覆盖率成正比关系，提出在城市森林建设时要重视生态功能，不能仅强调扩大森林覆盖率。

吴敏 等（2007）以广州地区“青山绿地一城市林带林区”工程为研究对象，采用定位监测与对比试验、平行试验相结合的研究方法，对其林带结构和生态功能进行了系统研究，确定了广州城市森林不同林带建设宽度模式对温度、大气环境污染因子、噪声的削减效率，为城市森林的建设发挥指导性作用，建立了营造“生态效益最优、景观效益最优、管理成本最优”的城市森林建设理念，并率先提出了对大城市的综合性林业生态建设工程进行环境生态效益的同步监测、功能分析和评估的理念。

康文星 等（2008a）利用2003 年森林资源统计资料和实测数据，不仅分析了广州市城市森林在涵养水源、固土、保肥等方面的生态系统服务功能物质量，而且运用市场价格法、影子工程法、等效益相关替代法对其经济价值也进行了评估。结果表明：广州城市森林生态系统每年贮水量比无林地多6.429×10^8 m^3，调节径流防洪能力大2.609×10^8 m^3；每年植物组织净积累氮元素4.949×10^4 t，磷元素0.428×10^4 t，钾元素4.400×10^4 t；每年凋落物归还林地氮元素3.524×10^4 t，磷元素0.216×10^4 t，钾元素1.539×10^4 t；每年土壤流失减少123×10^4 t，有机质流失减少3.905×10^4 t，氮元素流失减少0.218×10^4 t，磷元素流失减少0.066×10^4 t，钾元素流失减少2.368×10^4 t；森林贮水效益1.286亿元，防洪效益0.522亿元，储存在植物组织中的养分效益3.497亿元，保持土壤效益1.145亿元，改良土壤效益1.872亿元，广州城市森林每年涵养水源、固土保肥的价值共8.322亿元。

吴耀兴 等（2009）就广州市城市森林对大气污染物吸收净化的价值进行了专项研究，结果表明：城市森林主要树种抗硫强度为7.740～0.051 $mg\cdot g^{-1}$，单位面积各森林类型的硫净化量为365.278～36.836 $kg\cdot hm^{-2}\cdot a^{-1}$；每年净化大气硫的现实值为$1.433\times10^4$ t，折合成二氧化硫为2.865×10^4 t，净化大气二氧化硫潜力为5.683×10^4 t。城市森林植物中吸氟能力强的有仪花、银柴和榕树，最差的是柑橘。四旁散生森林类型吸氟能力最强，经济林最差，城市森林每年吸收氟量3 078.52 t，折合成氢氟酸为3 240.45 t。广州城市森林划分为7个绿地类型，各类绿地晴天和阴天的平均滞尘率为23.5%～53.5%，全市绿地平均滞尘率为39.93%，城市森林的滞尘总量为6.076×10^4 $t\cdot a^{-1}$。城市森林每年净化大气二氧化硫、氢氟酸和滞尘的价值为11.38亿元。

黄少卫 等（2010）对广州市城市森林调节小气候的价值进行了评估。城市森林降低城市热岛效能晴天2.37 ℃，雨天2.07 ℃，增加空气湿度11%，这些带网片点结构的城市森林使得广州市热岛效应呈小而窄的断续分布，而不是大而集中的连续分布；降低紫外线指数日平均为2.23。降低辐射量热值日平均为6.10 $MJ\cdot m^{-2}$；使舒适天数增加36.36%，较舒适天数增加28.57%，而稍不舒适天数减少8.38%，稍闷热天数减少21.42%，闷热天数减少67%。评估得出广州市森林每年改善小气候的价值包括降低热岛效应价值为125.4亿元，增加空气湿度价值为93.2亿元。

王兵（2011a）按照《森林生态系统服务功能评估规范》（LY/T 1721—2008）对广州市2009年森林生态系统服务功能进行了评估，结果表明广州市森林涵养水源$8.56 \times 10^8 m^3 \cdot a^{-1}$，固土$941.66 \times 10^4 m^3 \cdot a^{-1}$，减少土壤中氮损失$1.28 \times 10^4 m^3 \cdot a^{-1}$，减少土壤中磷损失$0.53 \times 10^4 t \cdot a^{-1}$，减少土壤中钾损失$17.36 \times 10^4 t \cdot a^{-1}$，减少土壤有机质损失$18.24 \times 10^4 t \cdot a^{-1}$，固碳$101.21 \times 10^4 t \cdot a^{-1}$，林木积累磷$0.17 \times 10^4 t \cdot a^{-1}$，林木积累钾$0.86 \times 10^4 t \cdot a^{-1}$，提供负离子$216.07 \times 10^{22}$个$\cdot a^{-1}$，吸收二氧化硫$2\,197.41 \times 10^4 kg \cdot a^{-1}$，吸收氟化物$337.88 \times 10^4 kg \cdot a^{-1}$，吸收氮氧化物$260.35 \times 10^4 kg \cdot a^{-1}$，滞尘$1\,176\,898.83 \times 10^4 kg \cdot a^{-1}$。广州市2009年森林生态系统服务总价值为190.59亿元$\cdot a^{-1}$，其中涵养水源价值最大，为70.17亿元$\cdot a^{-1}$，占总价值量的36.82%，保育土壤价值为12.21亿元$\cdot a^{-1}$，固碳释氧价值为37.55亿元$\cdot a^{-1}$，积累营养物质价值为3.31亿元$\cdot a^{-1}$，净化大气价值为18.11亿元$\cdot a^{-1}$，生物多样性保护价值为49.45亿元$\cdot a^{-1}$。在五大林种中，生态系统服务价值最高的是防护林，占总价值量的41.97%。作者还对1994—2009年广州市森林生态系统服务功能的价值量动态进行了分析，发现与1994年相比，2009年广州城市森林的生态系统服务价值量下降了10.7%。

潘勇军 等（2013）同样根据《森林生态系统服务功能评估规范》（LY/T 1721—2008），基于广州市2008年和2011年森林资源清查数据，对广州市森林生态系统服务进行了评估。结果表明，广州市2008年森林生态系统服务价值为230.567 3亿元，2011年为216.355 3亿元；森林生态系统服务功能单位面积价值分别为82 040元$\cdot hm^{-2} \cdot a^{-1}$（2008 年）和77 357元$\cdot hm^{-2} \cdot a^{-1}$（2011年），单位面积价值量排序为涵养水源＞物种保护＞固碳释氧＞大气环境净化＞土壤保育＞林木营养积累。阔叶混交林的生态系统服务价值量和单位价值量最高，分别为49.62 亿元$\cdot hm^{-2} \cdot a^{-1}$和111 824 元$\cdot hm^{-2} \cdot a^{-1}$，各林分类型的单位面积服务价值量为50 000～110 000元$\cdot hm^{-2} \cdot a^{-1}$，平均单位面积服务价值为74 840 元$\cdot hm^{-2} \cdot a^{-1}$；桉树的释氧、固碳功能单位价值量最高。

3.2.3　苏州市城市森林生态系统服务价值评估

3.2.3.1　苏州市概况

（1）地理位置

苏州位于江苏省南部，东临上海，南接浙江，西抱太湖，北依长江。苏州市区中心地理坐标为北纬31°17′56″，东经120°35′7″。全市区域面积848 842 hm^2，水域占42.5 %，山丘占2.7 %。苏州市辖5个市辖区：姑苏区、虎丘区、吴中区、相城区、吴江区；代管4个县级市：常熟市、张家港市、昆山市、太仓市；另辖一个县级单位：苏州工业园区。

（2）地形地貌

全市地势低平，平原占总面积的55%。苏州分别隶属于两个一级的自然地理区：长江三角洲平原地区和太湖平原地区。分属于4个二级自然区：沿江平原沙洲区、苏锡平原区、太湖及湖滨丘陵区、阳澄淀泖低地区。地貌特征以平缓平原为主，自西向东缓慢倾斜，平原的海拔高度3～4 m，阳澄湖和吴江一带仅2 m左右。

低山丘陵零星散布，一般高100～350 m，分布在西部山区和太湖诸岛，其中以穹窿山最高（342 m），还有南阳山（338 m）、西洞庭山缥缈峰（336 m）、东洞庭山莫里峰（293 m）、七子山（294 m）、天平山（201 m）、灵岩山（182 m）、渔洋山（171 m）、虞山（262 m）、潭山（252 m）等。

（3）气候条件

苏州属于亚热带季风海洋性气候，四季分明，气候温和，雨量充沛。2017年，年平均降水量1 233.5 mm，较常年偏多8%；降水日数127天，较常年偏多2天；年日照时数1 863.2 h，较常年偏少1%。全市夏季平均气温28.6 °C，较常年偏高1.8 °C，极端最高气温40.9 °C，平均高温日数33天，约是常年的3倍，均仅低于2013年的历史次高值。

（4）水文资源

苏州古城境内河港交错，湖荡密布，最著名的湖泊有位于西隅的太湖和漕湖；东有淀山湖、澄湖；北有昆承湖；中有阳澄湖、金鸡湖、独墅湖；长江及京杭运河贯穿市区之北。太湖水北泄入江和东进淀泖后，经黄浦江入江；运河水由西入望亭，南出盛泽；原出海的“三江”，今由黄浦江东泄入江，由此形成苏州市的三大水系。

（5）土壤类型

苏州市自然土壤有31种土属类型，其中黏壤质普通简育水耕人为土和粉砂黏壤质普通简育水耕人为土分布面积最广，前者集中分布在常熟市、昆山市、吴江区东部地区和太湖周边地区，后者主要分布于张家港市、太仓市西南部、苏州工业园区、相城区东部、吴中区东部地区，吴江区、昆山市也有零星分布。

（6）植被状况

苏州市共有维管束植物737种，隶属于167科、473属，其中蕨类植物有19科、26属、38种，裸子植物有6科、14属、23种，被子植物有142科、433属、676种。在被子植物中，双子叶植物为123科、348属、560种，单子叶植物19科、85属、116种。木本维管束植物有694种，其中乔木为393种，灌木为235种，木质藤本有63种，草本植物有806种，其中一年生植物、多年生植物、草质藤本植物数量的比例约为4∶9∶1。苏州市人工林群落的物种比较丰富，物种丰富度指数S平均值为50.3，生物多样性综合指数K平均值为1.62，叶面积指数平均值为5.12。

（7）社会经济状况

2017年，苏州市实现地区生产总值1.73万亿元，按可比价计算比上年增长7.1%。年末全市常住人口1 068.4

万人，其中城镇人口810万人。全市户籍人口691万人，全市新增就业17.2万人，开发公益性岗位9 249个，城镇就业困难人员实现就业1.75万人。全市常住居民年人均可支配收入50 603元，其中城镇常住居民人均可支配收入58 806元，农村常住居民人均可支配收入29 977元，比上年增长8.3%。

3.2.3.2　苏州市城市森林资源情况

据苏州市森林资源规划设计调查资料，截至2019年底，全市有林地面积8.34×10^4 hm^2，国家特别规定灌木林地面积2×10^4 hm^2，四旁树折算面积2.30×10^4 hm^2，森林覆盖面积12.65×10^4 hm^2，森林覆盖率12.19%，林木覆盖率20.92%。

3.2.3.3　苏州市城市森林生态系统服务价值评估

冯育青 等（2009）以《森林生态系统服务功能评估规范》（LY/T 1721—2008）为依据，根据2007年苏州市森林资源规划设计调查数据、森林生态站实测数据及相关文献资料等，对苏州市森林的涵养水源、保育土壤、固碳释氧、营养物质积累、净化空气、物种保育、景观游憩等生态系统服务价值进行初步评估，结果表明，生态系统服务单位面积价值为69 255元 $\cdot hm^{-2}\cdot a^{-1}$，总价值为44.68亿元 $\cdot a^{-1}$，其中涵养水源价值为16.79亿元 $\cdot a^{-1}$，保育土壤价值为5.96亿元 $\cdot a^{-1}$，累积营养物质价值为2.52亿元 $\cdot a^{-1}$，固碳释氧价值为7.6亿元 $\cdot a^{-1}$，净化空气价值为2.56亿元 $\cdot a^{-1}$，物种保育价值为8.61亿元 $\cdot a^{-1}$，景观游憩价值为0.63亿元 $\cdot a^{-1}$。

张陆平 等（2012）以苏州市森林为研究对象，使用ArcView3.2和CITYgreen5.4 模型，定量地评估了2009年苏州城市森林的生态效益，结果表明：①2009年，苏州市森林固碳率为1.90×10^5 $t\cdot hm^{-2}$，暴雨缓排量为1.65×10^7 $m^3\cdot hm^{-2}$，清除大气污染物总量为1.10×10^4 $t\cdot hm^{-2}$，碳储量为8.42×10^6 t；②2009 年苏州市森林生态效益的经济价值总计21.8亿元，各区平均生态效益2. 06万元 $\cdot hm^{-2}$，固碳、暴雨缓排量、净化空气的经济价值比例分别为87.2%、8.2%及4.6%；③苏州市各区森林生态效益的经济价值从大到小排序为：吴中区、吴江市、常熟市、张家港市、昆山市、相城区、太仓市、高新区、工业园区、市区（金阊区、沧浪区、平江区）。

严妍 等（2014）同样利用2007年苏州市森林资源规划设计调查资料，在《森林生态系统服务功能评估规范》（LY/T 1721—2008）的基础上，对苏州市城市森林生态系统服务价值进行了初步评估，结果表明：生态系统服务总价值为38.24亿元 $\cdot a^{-1}$，其中涵养水源价值为21.01亿元 $\cdot a^{-1}$，保育土壤价值为2.71亿元 $\cdot a^{-1}$，固碳释氧价值为4.87亿元 $\cdot a^{-1}$，积累营养物质价值为1.72亿元 $\cdot a^{-1}$，净化大气环境价值为1.10亿元 $\cdot a^{-1}$，生物多样性保护价值为6.20亿元 $\cdot a^{-1}$，森林游憩价值为0.63亿元 $\cdot a^{-1}$。苏州市城市森林在涵养水源、固碳释氧和生物多样性保护3个方面发挥了重要的生态系统服务。

3.3

案例分析

通过对以上3个国外城市（伦敦、纽约和多伦多）及3个国内城市（北京、广州、苏州）城市森林开展生态系统服务价值评估的案例可以发现，城市森林的生态系统服务目前在国内外广泛受到了城市管理者和科研人员的重视。对其价值量的核算表明，城市森林不仅具有重要的自然资源价值，其不断产出的生态系统服务更是保障城市社会经济可持续发展的关键。

对以上城市开展的评估发现，不同城市森林的总量、质量和组成均存在一定差异，评估指标体系和评估方法也不尽一致。具体来讲，国外的评估大多基于实地数据收集，借助i-Tree、UFORE和CITYgreen等模型，同时评估城市森林的结构价值、环境影响和社会价值。其中环境影响和社会价值主要以生态系统服务的形式表现。关注的生态系统服务类型主要包括污染清洁、水源涵养、储碳固碳、节能减排、提高舒适性价值等。

而国内进行的城市森林服务价值评估，大多借鉴林业行业标准《森林生态系统服务功能评估规范》（LY/T 1721—2008），采用综合指标体系法估算一系列生态系统服务的物质量和价值量，而对空间显式模型的使用较少。不同城市森林体现的主要生态系统服务功能也不尽相同。总体看来，涵养水源、生物多样性保护、调节气候和净化大气环境是国内主要关注的生态系统服务类型。事实上，与天然森林相比，城市森林的内涵、类型、指标体系构成、评估方法等都存在一些不同之处，不能简单照搬。

与i-Tree模型在国外城市森林或者行道树生态服务价值评价中的广泛运用相比，目前国内尚未形成一套专门针对城市森林生态系统服务评估的模型及方法体系。i-Tree 作为美国本土研发的评价模型，原始数据库中目前多只有适用于北美洲与欧洲的气候区、植物物种等数据，其他地区研究只能在软件内选择最相似的数据进行模拟或提交本土数据后经过i-Tree 团队处理后进行评价分析。国内研究大多只停留在基于i-Tree 导出效益报告的案例实测分析的阶段。

总体上看，过去30年来，我国主要大中型城市的城市森林建设和发展事业均得到了较大程度的发展。创建森林城市已经成为各个城市生态建设和保护的主要抓手和重点任务之一。城市森林的生态系统服务价值也呈现出逐渐增长的趋势。但值得注意的是，随着我国城镇化进程的进一步加速，越来越多的人口将向城市集聚，给城市生态环境带来更大的压力，这无疑也将对目前国内城市森林的建设和发展提出了更高要求。

Urban Forest Ecosystem

第4章

上海市基本概况及城市森林资源特征

4.1 自然地理概况

4.1.1 地理位置

上海市简称“沪”“申”，位于北纬30°42′～31°48′，东经120°52′～122°16′，地处太平洋西岸，亚洲大陆东沿，长江三角洲前缘，东濒东海，南临杭州湾，西接江苏、浙江两省，北界长江入海口，长江与东海在此连接。全市土地面积6 340.5 km^2，南北长约120 km，东西宽约100 km。境内水域面积697 km^2，相当于全市总面积的11%。

上海正处于中国南北弧形海岸线中部，交通便利，腹地广阔，地理位置优越，是一个良好的江海港口。境内辖有崇明、长兴、横沙3个岛屿，其中崇明岛面积1 041.2 km^2，是我国的第三大岛。上海市现辖16个市辖区，包含黄浦、徐汇、长宁、静安、普陀、虹口、杨浦7个中心市区，闵行、宝山、嘉定、浦东新区、金山区、松江区、青浦区、奉贤区和崇明区9个市辖区，下辖107个街道、106个镇、2个乡。

4.1.2 地形地貌

除了位于长江口的崇明、长兴和横沙三岛属于河口沙洲外，上海其余地区均属于长江三角洲太湖流域的碟形洼地。总体来看，上海市海拔差别不大，不同地区地貌起伏以低山丘陵、沿海滩地和平原为主，全市境内除西南部有少数丘陵山脉外，整体地势为坦荡低平的平原，是长江三角洲冲积平原的一部分，虽然海拔高差不大，平均高度仅4 m左右，但所引起的水热条件的差异却相当显著。陆地地势总体呈现由东向西轻微倾斜，西部是太湖流域最低处，石湖荡、茅港地区的海拔低于2 m；大金山为上海境内最高点，海拔高度103.4 m。

4.1.3 气候条件

上海市濒江临海，属亚热带季风气候。四季分明，日照充分，雨量充沛。上海气候温和湿润，春、秋较短，冬、夏较长，呈现季风性、海洋性和局地性气候特征。2017年，年平均气温17.7 °C，极端最高气温39.1°C，极端最低气温-4.2 °C；年日照时数1 809.2 h，年平均降水量1 388.8 mm，年均蒸发量1 111.6 mm；全年平均降水日数124天，无霜期259天。大部分雨量集中在6—9月的汛期，有春雨、梅雨、秋雨3个雨期。由于城区面积大、人口密集，上海城市气候具有明显的城市热岛效应。上海市主要受台风、暴雨、洪涝、大风、雷暴、大雾等气象灾害的影响。

4.1.4 水文条件

上海市河湖众多，水网密布，境内水域面积697 km^2，相当于全市总面积的11%。上海河网密度平均3～4 $km \cdot km^{-2}$，大多属黄浦江水系，主要水域和河道有长江口，黄浦江及其支流吴淞江（苏州河）、蕰藻浜、川杨河、淀浦河、大治河、斜塘、圆泄泾、大泖港、太浦河、拦路港、金汇港和油墩港等。黄浦江源自太湖，全长113 km，流经市区，江道宽度300～770 m，平均360 m，其上游在松江区米市渡处承接太湖、阳澄淀泖地区和杭嘉湖平原来水，贯穿上海市至吴淞口汇入长江口，是上海的水上交通要道。吴淞江发源于太湖瓜泾口，在市区外白渡桥附近汇入黄浦江，全长约125 km，上海境内段长54 km（称苏州河），河道平均宽度45 m。上海市的湖泊多位于与江、浙交界的西部低洼地区，最大的湖泊为淀山湖，总面积为62 km^2，其中在上海市境内面积为47.50 km^2。

上海市年平均地表径流量30.87×10^8 m^3，浅层地下水资源量为8.89×10^8 m^3，地下水与地表水资源不重复量为5.94×10^8 m^3。过境水资源主要有太湖流域来水和长江干流来水，2010年通过黄浦江松浦大桥断面年平均净泄流量为470 m^3/s，长江徐六泾水文站年平均流量则为33 100 m^3/s。

4.1.5 土壤类型

上海的土壤大多由潮间带土壤发育而来，长江三角洲的冲积平原构成了上海土壤发育的母质。上海地区土壤的酸碱性质多为中偏碱性，有机质含量不高。绝大部分地域的土壤pH约为7.0～8.5，这类土壤面积约占80.2%，多分布在上海的中西部地区。经过自然演替及农业耕作过程，形成了滨海盐土类、水稻土类、潮土类和黄棕壤土类4种基本的土壤类型，归属于4个土类、7个亚类、24个土属和95个土种。其中以滨海盐土类、水稻土类、潮土类为主要土壤类型。

上海市的水稻土和灰潮土主要分布在平原地区，是在江、海、河、湖不同时期沉积母质发育形成的自然土壤基础上，经过人类耕作熟化和定向栽培形成的农业土壤类型。水稻土面积最大，占土壤资源总面积的73.6%。西部和西南部地区地势低洼，主要为脱潜和潜育型水稻土；中部和东部地区地势相对较高，主要为潴育型水稻土；东部沿海地区和长江口各沙岛等母质偏砂，主要为渗育型水稻土。

灰潮土为不同旱作种植和旱耕熟化的土壤类型，占总面积的10.4%。全市近郊区种植蔬菜为菜园灰潮土，远郊区为其他各种旱作和瓜果种植的灰潮土等。

在沿海滨岸地区，受海水浸渍影响，分布和发育滨海盐土，占总面积的15.9%。根据含盐量分为盐土和盐化土2种类型。此外，上海市西南部零散分布着10余个不足百米高的低山和残丘，为黄棕壤类型，面积仅占0.1%。

4.1.6 植被状况

上海市因地跨北亚热带和中亚热带，水热条件有一定差异，植被类型、植物区系也有所不同。气候从南到北的纬度地带性变化，基本上是以长江南支流为界，即崇明岛属于北亚热带，余者为中亚热带。崇明岛因受冷暖空气交替影响较大，在植被上落叶阔叶林的比例大为增加。中亚热带则以常绿阔叶林和亚热带竹林为主，反映出植被的水平分布规律。垂直带谱特点变化不明显，甚至没有。此外，由于上海市位于长江入海口，有十分丰富的近海与海岸湿地，又有大面积的湖泊，湿地植物也是重要的原生植被类型。

大小金山岛、佘山等几个山丘还存在次生的自然林，可作为探索上海市原始植被的窗口，主要植被类型有常绿阔叶林、常绿落叶阔叶混交林、竹林、针叶林等。另外，湿地植被也是上海重要的植被类型之一，面积最大的是潮间盐水沼泽，其次是草本沼泽。植被覆盖率最大的是潮间盐水沼泽，其次是森林沼泽。

上海市植物区系为泛北极植物区、中国–日本森林植物亚区、华东地区。上海市植物区系既有中国–日本森林植物亚区的许多基本特点，又有其本身的特点。上海市目前有标本依据的种子植物1 900种，分属于168科、981属。截至2012年，上海共有自然更新的维管植物1 194个分类群，包括蕨类的25科37属61个分类群，种子植物的129科550属1 133个分类群，其中野生植物为126科440属818个分类群，占全部种类的69%；国内外扩散至上海的外来植物共有86科234属367个分类群，占全部种类的31%（汪远 等，2012）。

上海乡土植物有600多种，为植物资源较为贫乏的区系。主要原因在于上海市地区成陆时间晚，植被发展史短，地带性植被主要反映在极少数尚存的埋藏山体，例如松江的佘山、凤凰山、天马山和北竿山，金山的秦望山、查山及其海岛大金山、小金山和浮山等18个低山丘陵。目前，上海地区99.99 %的森林植被为人工林，人工林群落中一般常见乔木约68种，主要有杜英、广玉兰、女贞、杨树、香樟、水杉等，小乔木及灌木约105种。

4.2 社会经济状况

4.2.1 经济发展水平

2017年，上海市实现全年生产总值30 133.86亿元，比上年增长6.9%，居中国城市首位。其中，第一产业增加值98.99亿元，下降9.5%；第二产业增加值9 251.40亿元，增长5.8%；第三产业增加值20 783.47亿元，增长7.5%。第三产业增加值占上海市生产总值的比重为69.0%。

4.2.2　人口状况

2017年末，全市常住人口为2 418.33万人，比上年末减少1.37万人。全年出生人口为19.70万人，人口出生率为8.1‰；死亡人口为12.90万人，人口死亡率为5.3‰；人口自然增长率为2.8‰，比上年下降1.2个千分点。从性别结构看，男性人口为1 232.38万人，女性人口为1 185.95万人，性别比为103.9（以女性为100）。从城乡结构看，城镇常住人口2 120.88万人，乡村常住人口297.45万人。

4.3 生态环境特征

4.3.1　热岛效应

由于城市化的发展速度加快，城市建筑群密集，柏油路和水泥路面比郊区的土壤、植被具有更大的吸热率和更小的比热容，使得城市地区升温较快，并向四周和大气中大量辐射，造成了同一时间城区气温普遍高于周围的郊区气温。高温的城区处于低温的郊区包围之中，如同汪洋大海中的岛屿，人们把这种现象称为“热岛效应”。

上海城市中由混凝土构成的高层建筑林立，其吸收和发射辐射的热量被积聚截留在空气流动不畅的城市街道空间，同时由于硬质地面的不透水性，通过地表植物蒸腾和地面直接蒸发的热量也远小于自然土壤地面，从而形成了热岛效应。城市规模越大、人口密度越高，则热岛效应强度和城乡气温差别越大。

由于城市化的快速加剧，上海城市热岛面积从20世纪80年代起迅速扩大。1960至1970年代，热岛面积局限在市中心区的100 km^{2}范围内；1980年代起，扩大到400 km^2，增加了3倍以上；1990年时，热岛面积已扩展到近郊地区，面积超过800 km^2。1960—1990年，上海地区30年中的平均气温上升了0.9 °C，而全球的平均气温因温室效应近50年才上升了0.5 °C。

1995年以来，上海中心市区强热岛面积有缩小趋势，夏季热岛效应已有减弱迹象，与这一时期上海中心城区的绿地建设大发展密切相关。1998年和2000年高温季节的遥感监测和综合分析指出，上海市热中心区和特高温区范围有较大幅度缩减，静安区2000年特高温区以上面积不复存在，黄浦区、卢湾区、静安区交界处延中绿地附近已不再是特高温区。2006年，崇明生态岛建设取得了重大进展，其夏季平均气温比中心城区低1.4～3.2 ℃（周红妹 等，2002；王新军 等，2008）。成规模的城市绿林地可以明显减轻热岛效应，绿地覆盖率高的地区对应热力强度较低，分布面积越大、越集中，热岛效应的减缓效果越好（尹球 等，2009）。

4.3.2 雾霾现象

雾是指大量微小水滴浮游于空中，常呈乳白色，使水平能见度小于1.0 km的天气现象。根据雾的浓度可分为雾、大雾和浓雾。轻雾是指微小水滴或已湿的吸湿性质粒所构成的灰白色的稀薄雾幕，使水平能见度大于等于1.0 km 至小于10.0 km的天气现象。霾是一种大量极细微的干尘粒等均匀地浮游在空中，使水平能见度小于10.0 km的空气普遍浑浊的天气现象。雾、轻雾与霾是造成能见度降低的常见天气现象。PM2.5是由来自不同污染源的不同化学组分组成的一种复杂而可变的大气污染物，直径不到人头发丝直径的1/20，可以经过呼吸道进入人体肺泡。虽然PM2.5在地球大气成分中含量很少，但对空气质量和能见度有重要的影响。

研究表明，1961—2007年，上海市雾日数除在崇明和青浦分别以3.7 d/10 a和2.1 d/10 a的趋势增加外，其他区县都呈减少趋势，而霾日数在所有区县都呈增加趋势。雾日数的减少与城市化和城市下垫面的改变有联系。《上海市环境状况公报2013》中指出，上海市2013年全年124个污染日中，首要污染物为PM2.5的有87天，占70.2%，其日均值为62 μg/m^3，超出《环境空气质量标准》（GB 3095—2012）二级标准27 μg/m^3。在2012 年底到2013年上半年，上海市雾霾天气中，PM2.5的日平均浓度长时间高达250 μg/m^3 以上。2014年，上海市环境空气质量指数（AQI）优良率为77.0%，较2013年提高11.0个百分点。

4.3.3 城市内涝

随着城镇化进程的不断加快，上海中心城区水面率逐年降低，2016年中心城区水面率不足3%。内河调蓄功能锐减，因洪致涝威胁增大，每逢暴雨，河道水位快速升高，管网排水能力受限。与此同时，城市不透水下垫面比例增加，径流系数增大，管网排水压力增大。城市建设过程中，径流控制不力，导致排水管道压力陡增，内涝风险增大。

此外，上海市雨水管理面临水量、水质双重压力。近年来，全球气候变化导致极端强降雨频现。上海市年降雨量以每10年50 mm的速率递增，引发内涝灾害的降雨多为暴雨和短历时强降雨，重现期在50年一遇甚至100年一遇水平，径流峰值流量亟待控制。上海市各类污染源中，城镇地表径流污染已成为水环境污染的主要来源，其中COD和总磷地表径流负荷率最高，已分别达到32.4%和24.25%；部分河道逢雨即黑现象较为普遍，径流水质亟待控制（毕桂平 等，2016）。

4.3.4　海岸安全

上海位于东海沿岸，平均海拔仅4 m左右，属于生态气候脆弱区，每年平均有3.5个台风影响上海，对上海造成较大的影响。如2005年的“麦莎”台风袭击影响上海时，造成了7人死亡，94.6万人受灾，经济损失高达13.58亿元。

已有研究表明，沿海防护林体系在遭受台风袭击时，能有效降低风速，明显减少防护林带后果树的落果率和断枝率；同时防护林还能减少或减缓地表径流量和流速，起到防风固沙、保持水土的作用。对于沿海城市而言，防台风防护林能降低台风及热带风暴的风速，减少台风及热带风暴对城市设施的损失。王宗星 等（2010）对上海人民塘水杉防台风防护林的防风效应的研究结果表明，台风经过林带时，林带内及林带后65 m范围内的风速较林带前均有不同程度的下降，以林带后25 m处的风速最低。

4.4 城市森林资源情况

图4–1列出了近20年来上海市森林覆盖率的动态变化，可见上海城市森林覆盖率从1999年到2016年一直处于稳步上升的态势，从3.17%逐渐上升到15.56%，增加了将近4倍。总体来看，上海的城市森林不仅面积在稳步提升，同时蓄积量也在逐年增加，以高大乔木为主体的森林结构不断优化，对改善城市环境发挥着巨大作用。

依据2009年上海市森林资源清查成果、2012—2013年度上海市森林资源动态监测报告、2015—2016年度上海市森林资源动态监测报告，截至2016年底，上海市林地总面积为111 275 hm^2，森林覆盖率达到15.56%。

2016年，全市林地总面积中：乔木林地面积84 494 hm^2，占75.93%；竹林地面积2 919 hm^2，占2.62%；灌木林地面积19 293 hm^2，占17.34%；未成林造林地面积3 935 hm^2，占3.54%；疏林地面积553 hm^2，占0.50%；苗圃地面积46 hm^2，占0.04%；迹地19 hm^2，占0.02%；宜林地17 hm^2，占0.02%。灌木林地面积中，特殊灌木林地11 274 hm^2，占58.43%；一般灌木林地8 019 hm^2，占41.57%（图4–2）。

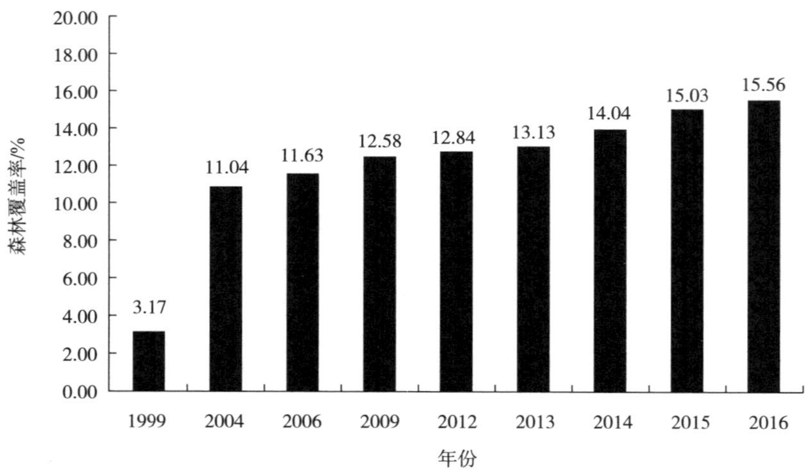

图4-1　1999—2016年上海市森林覆盖率变化

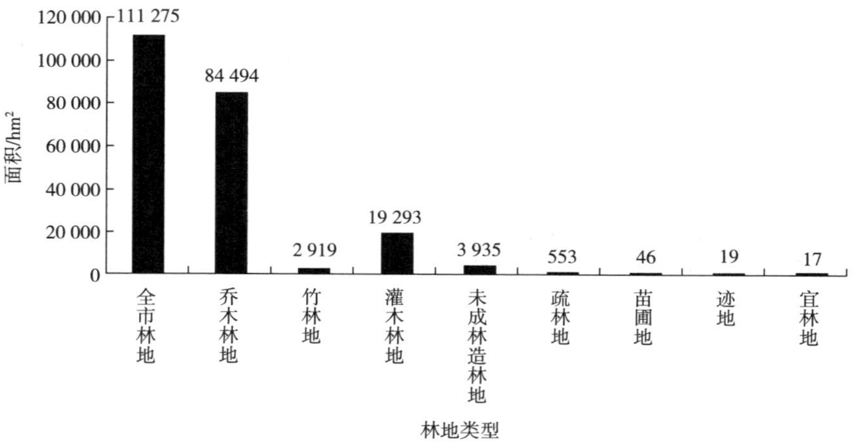

图4-2　2016年上海市不同林地类型面积

在2016年全市森林资源统计数据中，中心城区森林面积3 076 hm^2，占全市森林面积的3.71%；闵行区森林面积5 934 hm^2，占全市森林面积的6.01%；宝山区森林面积4 662 hm^2，占全市森林面积的4.72%；嘉定区森林面积6 274 hm^2，占全市森林面积的6.36%；浦东新区森林面积17 742 hm^2，占全市森林面积的17.98%；金山区森林面积6 695 hm^2，占全市森林面积的6.78%；松江区森林面积9 458 hm^2，占全市森林面积的9.58%；青浦区森林面积9 080 hm^2，占全市森林面积的9.20%；奉贤区森林面积8 586 hm^2，占全市森林面积的8.70%；崇明区森林面积27 180 hm^2，占全市森林面积的27.54%（表4-1）。

表4-1　2016年上海市城市森林分布统计表

上海市各区	森林面积/hm^2	占全市森林比例/%	森林覆盖率/%
全市	98 687	100.00	15.56
中心城区	3 076	3.12	10.63
闵行区	5 934	6.01	15.96
宝山区	4 662	4.72	16.30
嘉定区	6 274	6.36	13.52
浦东新区	17 742	17.98	14.66
金山区	6 695	6.78	11.42
松江区	9 458	9.58	15.64
青浦区	9 080	9.20	13.54
奉贤区	8 586	8.70	12.49
崇明区	27 180	27.54	23.22

截至2016年底，上海城市森林群落中一般常见乔木约68种，小乔木及灌木约105种，主要常绿阔叶树种有樟木、女贞、广玉兰等；主要落叶阔叶树种有意杨、银杏、竹等；而主要落叶针叶树种有水杉、池杉等。按照优势树种（组）面积由大到小依次是樟木林、硬阔类、阔叶混交林、灌木林、果树类、软阔类、水杉、针阔混交林、杉类、竹林、松类、针叶混交林。

乔木林面积按龄组结构分，幼龄林面积最大，为43 650.50 hm^2，占比为51.7%；其次为中龄林，面积为28 428.97 hm^2，占比为33.63%；近熟林和成熟林紧随其后，面积分别为6 833.98 hm^2和4 663.72 hm^2；面积最小的龄组为过熟林，其面积仅为889.95 hm^2，占比即为1.05%（图4-3）。

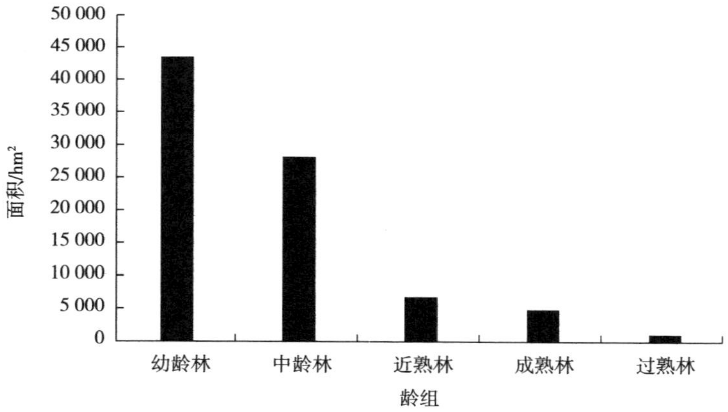

图4-3　2016年上海市乔木林各龄组面积情况

乔木林蓄积量按龄组结构分，中龄林蓄积量最高，其次为中龄林，成熟林和近熟林紧随其后，蓄积量最小的龄组为过熟林（图4-4）。

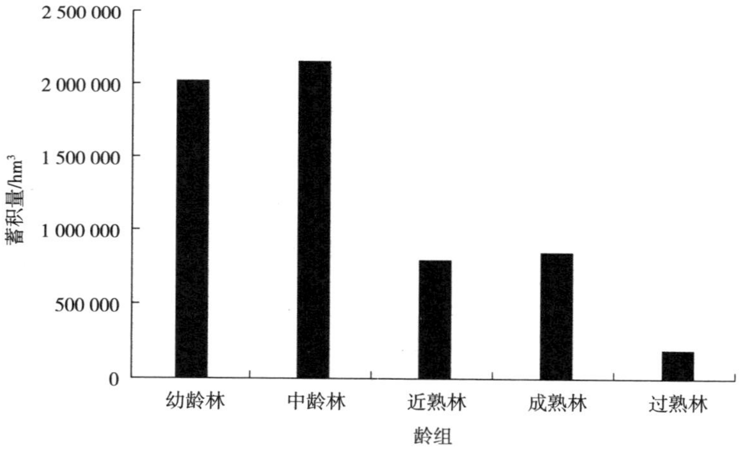

图4-4　2016年上海市乔木林各龄组蓄积量情况

乔木林面积按不同树种分，硬阔类面积最大，为44 143.16 hm^2，占比为52.3%；其次为阔叶混交林，面积为15 685.84 hm^2，占比为18.6%；其后分别为杉类、软阔类、针阔混交林、经济树种、松类，面积分别为9 342.65 hm^2（占比为11.1%）、6 108.10 hm^2（占比为7.2%）、4 708.10 hm^2（占比为5.6%）、2 811.49 hm^2（占比为3.3%)、1 288.02 hm²（占比为1.5%)；面积最小的树种为针叶混交林，其面积仅为379.78 hm²，占比为0.45%（图4–5)。

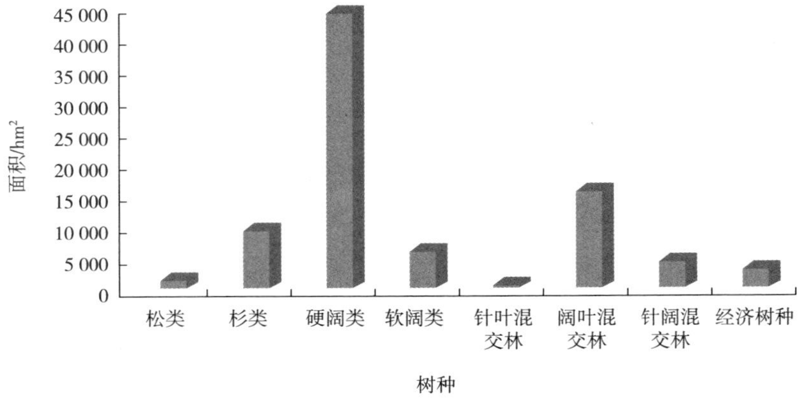

图4–5　2016年上海市乔木林不同树种面积情况

乔木林蓄积量按不同树种分，硬阔类蓄积量远高于其他树种，依次为杉类、软阔类、阔叶混交林、针阔混交林、经济树种和松类，针叶混交林的蓄积量最小（图4–6)。

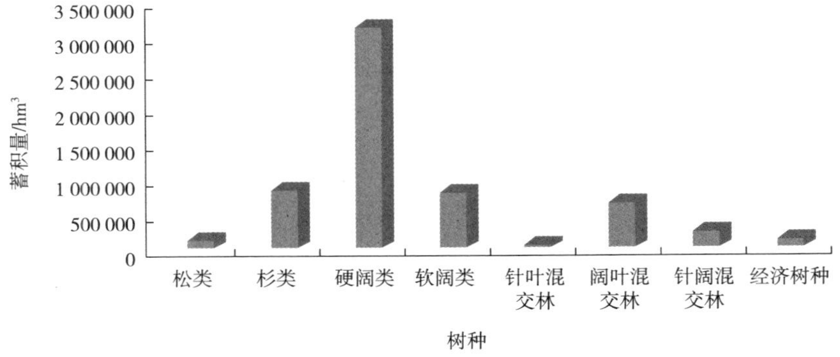

图4–6　2016年上海市乔木林不同树种蓄积量情况

2016年，上海市公益林面积为89 636hm²。按公益林林种分，全市共有沿海防护林4 903 hm²，占5.5%；通道林27 134 hm²，占30.3%；水源涵养林13 579 hm²，占15.2%；污染隔离林711 hm²，占0.8%；国防林194 hm²，占0.2%；附属林38 967 hm²，占43.5%；风景林3 621 hm²，占4.0%；其他防护林527 hm²，占0.6%；(图4–7)。

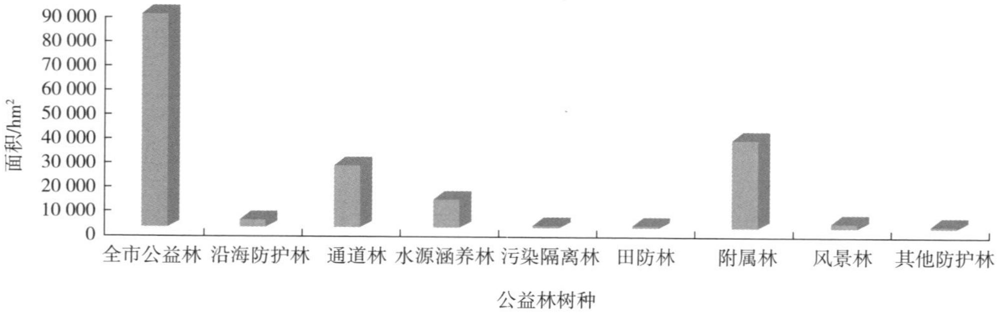

图4-7　2016年上海市不同公益林林种面积情况

Urban Forest Ecosystem

第5章

上海城市森林生态系统服务价值评估指标体系

5.1

指标体系构建原则

在构建城市森林生态系统服务价值评估指标体系时，不仅要体现森林生态系统的结构和功能，更要突出城市森林的特有功能，并且特别应注意城市复合生态系统对城市森林多重功能的迫切需要（康文星 等，2008b）。

城市森林生态系统功能多样，其服务的表现形式及对应的评价指标也多种多样，因此，在评估城市森林生态系统服务价值时，明确不同服务对应的评价指标，准确区分不同指标，保障各指标之间的独立性十分重要。如果有些服务部分表现形式不能用指标反映，就会导致对该服务价值估算的不全面，进而低估该服务价值；如果指标之间内容有重叠或冗余，则会高估该服务价值。为了正确合理地评估城市森林生态系统服务价值，确定评估指标体系时应依据以下原则：

（1）科学性和系统性

城市森林生态系统服务价值评估指标体系必须建立在科学的基础上，各子系统间应遵循明确的逻辑关系，指标体系的从属关系和层次关系需要有科学理论的支撑。

（2）层次性和阶段性

城市森林生态系统服务价值评估指标体系是一个包含多个层次的复杂系统，指标体系包含自上而下的各个层次，以反映不同层次上的影响。不同空间尺度的评估可以通过表征不同空间尺度影响的指标来实现；不同时间尺度的影响要充分考虑评估区域发展的阶段性，对于各指标确定分阶段的目标值。

（3）政策相关性

由于经济发展水平和自然条件的差异，生态环境问题具有时空变化特征。各个国家和地区不同时期存在不同的生态环境问题。因此，城市森林生态系统服务价值评估指标体系应体现国家和地方管理有关政策所关注的主要生态环境问题及其时间变化特征。

（4）完备性与简明性

城市存在人口密度大、人居环境较差、活动空间较小、污染严重、资源短缺等多方面生态环境问题。完备性要求指标体系覆盖面广，能全面综合反映城市森林生态系统服务价值的主要因素、状态和发展趋势；简明性要求指标体系的内容简单、明了、准确，具有代表性。

（5）针对性和独立性

针对性要求选用的指标能反映评估对象的主要特征；独立性要求确保各项指标之间互相独立，减少各指标之间的关联性。

（6）稳定性和动态性

指标体系应该在一定的时间内保持一种相对稳定的状态，以便衡量一定时期内的城市森林生态系统服务价值。同时，由于城市的建设与发展是一个长期的、动态的过程，社会、经济发展将带来城市森林生态系统服务价值的改变。因此，评估指标体系也要能反映这一动态过程，实现对服务价值的实时动态评估，以保障在较长时段内具有引导意义。

（7）代表性

城市森林生态系统服务表现形式的多样性决定它具有多价值性，在建立指标体系时不仅要注意直接利用价值，更要注意间接利用价值和选择价值。

（8）可操作性

评估指标的量化数据应便于采集和更新，应尽可能选择现有仪器设备可以观测到的指标。若指标数据缺失或不全，即使该指标的表征作用明显也不应纳入评估指标体系。

5.2 指标体系构建流程

基于以上原则，构建完整的城市森林生态系统服务价值评估体系通常需要以下几个步骤（图5–1）：

（1）确定指标体系框架

在明确城市森林生态系统服务价值评估目标的前提下，借鉴国内外生态系统服务评估体系的划分方法，确定适合本土实际情况的指标体系分类框架。

（2）确定指标选取标准

基于对评估对象内涵、特征和结构的深刻分析，明确评估的目标和具体内容，形成指标选取的标准。

（3）建立备选指标库

通过广泛查阅国内外相关文献、报告和文件，统计文献中出现的指标频度，提取出一批出现频率最高的常用指标，组成备选指标库。

（4）筛选指标

依据指标选取的标准，通过广泛调研和深入研讨，进行独立性分析，控制信息冗余，去除一批不适用的指标，同时与研究领域内的专家进行交流、讨论，根据专家反馈的意见，采用指标筛选方法对指标进行调整、筛选，形成评估指标集。

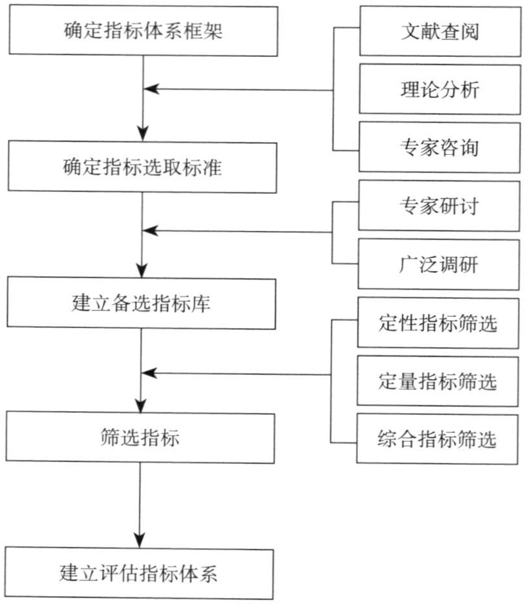

图5-1　指标体系构建流程图

5.3 指标体系构建方法

5.3.1　常用指标筛选方法

筛选科学、合理、易量化的评估指标，是准确评估城市森林生态系统服务价值的首要前提。由于城市森林涉及的生态系统服务类别众多，各个类别的评估指标庞杂繁复，无须也不可能全部纳入评估过程，因此必须对评估指标进行筛选。根据对象城市区域的特点、实际数据的可获取性等选取合适指标。选取指标时必须具体问题具体分析，在评估不同区域、不同类型的城市森林生态系统服务时，指标组合可能不尽相同（陈高　等，2002；李静锐　等，2007）。

在生态系统服务价值评估研究中，筛选指标的主要方法可以分为以下3种：一是定性筛选方法，如理论分析法和德尔菲法；二是定量筛选方法，如主成分分析法、灰色关联分析法等；三是综合筛选方法，如层次分析法、神经网络反向传播法等（虞依娜 等，2010；李金昌 等，1999）。

定性指标筛选方法中，理论分析法和德尔菲法都需要判断者具备相关专业背景和经验水平。此类方法的优点是简便易行，能够发挥各位专家的作用，集思广益、突显分歧、取长补短；但不足也比较明显，各位专家在判断时必然存在主观差异，专业、知识面、阅历及经验都会对决策产生影响，即使同一位专家在不同认识阶段也存在主观差异。因此，一般采用此类方法进行指标的初步筛选。

定量指标筛选方法中，主成分分析法和灰色关联分析法都要求研究对象为量化数据或可量化数据，与定性筛选方法相比，对研究指标有更进一步的要求。随着量化技术的发展，指标的量化更为科学、合理，定量筛选方法的适用范围逐渐扩大。主成分分析法与灰色关联分析法相比，前者对数据样本量的要求较高，并且样本需要服从一定分布规律，如正态分布；而灰色关联分析法对数据样本的要求较低，在小样本、贫数据条件下也适用，但该方法在临界值确定上尚有争议。

综合指标筛选方法中，层次分析法和神经网络法两种方法本身所包含的指标量化部分，如层次分析法中的判断矩阵和一致性检验、神经网络法中的自适性学习过程等，一方面可以降低对研究指标量化的要求，另一方面可以把主观认识偏差降低到可接受的范围之内。层次分析法与神经网络法相比较，具有算法简单、操作性强、容易实现等方面的优势，更能满足预警指标的快速筛选要求。

通过对理论分析法、德尔菲法、主成分分析法、灰色关联分析法、层次分析法和神经网络法6种指标筛选方法的原理进行分析，可以得出各方法的特点及适用范围，如表5-1所示。6种主要指标筛选方法使用条件不同，适用范围也不尽相同。理论分析法和德尔菲法适用于指标体系初步筛选阶段，也可用于非量化指标筛选，相对于部分量化指标筛选方法或纯量化指标筛选方法来讲，具有较高的灵活性；而定量化筛选方法较适用于可测量指标，具备较强的客观评判性，但判定的准确程度要依赖于所得数据的准确性；综合筛选方法结合以上两类筛选方法的特点，避免了主观经验的不足和客观运算的不便，在保障一定精度的前提下，具备较好的可操作性，是一种科学、有效的指标筛选方法。在实际应用过程中，要根据评估对象和评估目标选择合适可行的指标筛选方法。

表5-1　各指标筛选方法比较（引自张征，2009）

指标筛选方法	优势	缺点	复杂程度
理论分析法	只需要进行理论分析和定性比较，对于研究指标无要求	筛选程度较粗略，所得估计精确度不够	理论分析要求较高
德尔菲法	借助专家学识和经验所得结果，具有权威性，对于研究指标无要求	专家对于问题主观认识程度存在差异	专家的选择和方法实施步骤较困难

（续表）

指标筛选方法	优势	缺点	复杂程度
主成分分析法	通过相应算法可以筛选出主要影响指标，量化结果可分析程度高	指标需为数据资料且样本量足够大	计算过程较复杂
灰色关联分析法	所得关联度矩阵反映指标间相关性程度，易于剔除等价指标	需要指标数据样本，剔除临界值难确定	计算过程较简单，临界值确定需要探讨
层次分析法	定性分析与定量计算相结合，结果层次关系显著，指标差异数量化	需结合专家判断，存在主观认识差异	指标重要程度比较部分较难确定
神经网络法	人为因素影响较弱，适应指标影响程度变化的要求	构建及调试神经网模型较烦琐	计算过程过于复杂，需借助专门软件

5.3.2 国内外指标体系分析

目前，国内外城市林业和城市生态研究的专家、学者根据不同的研究目的和研究区域的不同特点，建立了多种城市森林生态系统服务评估指标体系。

以Nowak为首的美国科学家，对美国纽约、明尼阿波里斯市等城市森林进行了生态系统服务评估，该评估指标包括调节气候、节约能源、净化空气、固定二氧化碳、涵养水源、降噪、保护生物多样性、净化土壤、产业升值、休闲游憩、有益健康、增强社区凝聚力12种生态系统服务（Nowak et al.，1993；Nowak et al.，2002a；Nowak et al.，2002b；Nowak et al.，2006）。

Dwyer et al.（2000）分类讨论了城市树木和城市森林的生态系统服务，将其分为生物物理环境和过程及社会效应2类共9个具体类项。生物物理环境和过程包括节约能源减少二氧化碳排放、净化空气、涵养水源、降噪4项，社会效应包括环境舒适度、医疗保健、产业升值、经济带动作用、社会凝聚力5项。

李忠魁 等（2001）从实物价值、环境价值和社会效益价值3个方面对北京森林资源进行了评估：实物价值包括林地、林木和经济林产品价值3项；环境价值包括涵养水源、净化环境、保育土壤、固碳释氧及转化太阳能、发挥防护林作用、森林游憩、保护森林生物多样性7项；社会效益价值从提供劳动就业、保持社会稳定、促进社会经济发展3项进行了估算。

彭建 等（2005）以深圳市城市生态系统为例，从调节气候、固碳释氧、保持土壤、涵养水源、净化环境、减弱噪声6个方面进行服务价值评估，提出减弱噪声与净化空气是深圳市下一阶段城市生态空间管理与建设中需要重点保障的生态系统服务功能。

康文星 等（2008b）结合已有研究成果，构建了城市森林生态系统服务价值的评估指标体系，包含3个类型、14个项目、32个指标。3个类型为产品服务、功能服务和社会服务。产品服务包括生产产品（立木、竹林、经济林、花卉苗圃产品、薪碳林、工业原料林）和生态产品（释放氧气、释放有益物质）2项8个指标；功能服务包括能量贮存（能量转化与贮存）、养分积累与循环（养分积累、养分循环）、涵养水源（涵养水源、调节径流、消洪补枯）、改善水质（净化水质）、净化大气（吸收有害气体、消减粉尘）、保持土壤（减少废弃地、减少土壤肥力损失和减少流沙淤积）、调节小气候（调节温度、调节湿度、增加舒适天数）和保护生物多样性（生物多样性维系、生物多样性利用、珍稀濒危生物保护）8项18个指标；社会服务包括森林游憩（旅游、休闲）、就业（提供就业岗位）、产业发展（拉动产业经济）和科技进步（科技研究）4项5个指标。

美国农业部（United States Department of Agriculture ，USDA）在2010年建立的城市森林生态系统服务价值指标体系，包括调节气候、节约能源、净化空气、固定二氧化碳、涵养水源、降噪、保护生物多样性、净化土壤、提升产业、休闲游憩、有益健康和增强社区凝聚力12项生态系统服务。

英国林业委员会（Forestry Commission of United Kingdom）在2017年将城市森林生态系统服务梳理为：供应服务［食物供应、燃料供应（木质燃料）、木材供应］、调节服务（固碳、温度调节、雨水调节、空气净化、噪声缓解）、文化服务（人群健康、自然与景观的联系、社会发展与联系、教育和学习、经济发展、文化意义）。该研究同时把这些服务与4个尺度上的城市森林组分相联系，即单株树木（single tree）、单行树木（lines of tree）、树木群（tree cluster）和林地（woodland）（Davies，2017）。

5.4 上海城市森林生态系统服务价值评估指标体系构建

为科学、合理、定量评估上海城市森林生态系统服务价值，遵循指标构建原则，本研究以《森林生态系统服务功能评估规范》（LY/T 1721—2008）为参考，借鉴国内外其他城市森林相关研究成果，结合上海城市环境特征和森林资源特点，从涵养水源、保育土壤、固碳释氧、积累营养物质、净化大气环境、森林防护、保护生物多样性和森林游憩8个方面入手，构建上海城市森林生态系统服务价值评估指标体系，该体系涉及12个物质量指标和16个价值量指标（表5–2）。

表5-2 上海市森林生态系统服务评估指标

森林生态功能	物质量指标	价值量指标	评估方法
涵养水源	调节水量	调节水量价值	影子工程法
		净化水质价值	条件价值法
保育土壤	固土量	固土价值	影子工程法
	保肥量	保肥价值	影子工程法
固碳释氧	吸收二氧化碳量	固碳价值	市场价值法
	释放氧气量	释氧价值	影子工程法
积累营养物质	林木积累营养物质量	林木积累营养物质价值	市场价值法
净化大气环境	提供负离子量	提供负离子价值	影子工程法
	吸收二氧化硫量	吸收二氧化硫价值	市场价值法
	吸收氟化物量	吸收氟化物价值	市场价值法
	吸收氮氧化物量	吸收氮氧化物价值	市场价值法
		降低噪声价值	影子工程法
	滞尘量	滞尘价值	市场价值法
森林防护	森林防护量	森林防护价值	影子工程法
生物多样性保护		保护生物多样性价值	条件价值法
森林游憩		森林游憩价值	市场价值法

Urban Forest Ecosystem

第6章

上海城市森林生态系统服务价值评估方法

依托上述构建的生态系统服务价值评估指标体系，基于上海城市森林资源连续清查和规划设计调查成果，参考《森林生态系统服务功能评估规范》（LY/T 1721—008）提出的分布式测算方法，对上海市域范围内城市森林生态系统服务的价值量进行评估。

首先将上海城市森林资源划分为4种主要类型：乔木林、乔木经济林、灌木林、竹林；其中乔木林又包含松类、杉类、硬阔类、软阔类、针叶混交林、阔叶混交林、针阔混交林7个优势树种（组）；灌木林包含一般灌木和特殊灌木两种。同时将乔木林和乔木经济林按林龄组划分为幼龄林、中龄林、近熟林、成熟林和过熟林5个类型。

收集、整理、评估年度的城市森林资源数据、上海绿林地现有生态监测和评估相关成果以及上海及我国权威机构所公布的社会公共数据等，采用市场价值法、影子工程法、条件价值法等价值量化方法，对城市森林资源的年度生态系统服务价值进行评估。

若服务价值量化过程中，评估当年的相关价格参数无法获取，则采用贴现率将非评估年价格参数换算为评估年价格参数。贴现率计算基于银行均衡贷款利率，将非评估年份价格参数，逐年贴现至评估年的价格参数。其计算公式为：

$$d=(1+t_{n+1})(1+t_{n+1})(1+t_m) \tag{6–1}$$

式中：d——贴现率，单位为%；

t——存贷款均衡利率，为银行的平均存款和贷款利率的平均值，单位为%；

n——价格参数可获得年份，单位为年；

m——评估年份，单位为年。

本次评估范围是上海市市域范围内的城市森林资源（不含散生木、四旁树和疏林地）的生态系统服务价值，不涉及林木本身的资源价值、林副产品和林地的资源价值。评估采用的核心公式和模型详见下文。

6.1 涵养水源服务价值评估方法

城市森林涵养水源功能主要是指城市森林对降水的截留、吸收和贮存，将地表水转为地表径流或地下水的作用，主要功能表现在增加可利用水资源、净化水质和调节径流3个方面。选择2个指标，即调节水量和净化水质，以反映森林的涵养水源功能。

6.1.1 指标计算

（1）调节水量

①森林生态系统年调节水量计算公式如下：

$$G_{调}=10\times A\times(P-E-C) \tag{6-2}$$

②森林生态系统年调节水量价值根据水库工程的蓄水成本（替代工程法）来确定，采用如下公式计算：

$$U_{调}=G_{调}\times C_{库} \tag{6-3}$$

式中：$G_{调}$——林分年调节水量，单位为$m^3\cdot a^{-1}$；

P——降水量，单位为$mm\cdot a^{-1}$；

E——林分蒸散量，单位为$mm\cdot a^{-1}$；

C——地表径流量，单位为$mm\cdot a^{-1}$；

A——林分面积，单位为hm^2，下同；

$U_{调}$——森林年调节水量价值，单位为元$\cdot a^{-1}$；

$C_{库}$——水库库容造价，单位为元$\cdot m^{-3}$。

（2）净化水质

森林净化水质的量即森林调节水量的量，因此，森林年净化水质价值公式为：

$$U_{水质}=G_{调}\times K_{水} \tag{6-4}$$

式中：$U_{水质}$——林分净化水质价值，单位为元$\cdot a^{-1}$；

$K_{水}$——水的净化费用，单位为元$\cdot m^{-3}$。

6.1.2 参数设置

①P：采用评估年份上海市平均降雨量，如2013年为1 092 mm。

②E：按照不同森林类型蒸散率乘以年降水量获得（表6–1）。

③C：林分地表径流一般为裸地的5%～25%，按照15%平均值估算，大小为70.88 mm。

④$C_{库}$：参考上海青草沙水源地原水工程中的水库建设成本（15元$\cdot t^{-1}$），并贴现换算为评估年份现价。

⑤$K_{水}$：采用评估年度上海市居民用水价格，如2013年为3.45元$\cdot t^{-1}$。

表6-1　不同森林类型的蒸散率及蒸散量

森林类型	蒸散率/%	年蒸散量/mm	森林类型	蒸散率/%	年蒸散量/mm
松类	66.0	720.7	阔叶混交林	69.6	760.0
杉类	77.3	844.1	针阔混交林	71.6	781.3
硬阔类	49.6	541.6	竹林	65.0	709.8
软阔类	58.9	643.2	经济林	65.9	719.6
针叶混交林	73.5	802.6	灌木林	65.0	709.8

6.2

保育土壤服务价值评估方法

森林能有效地固持土体，降低地表径流对土壤的冲蚀，同时森林的生长发育及其代谢产物不断对土壤产生物理及化学影响，参与土体内部的能量转换与物质循环，使土壤肥力提高。选择固土和保肥两个指标，来反映森林的保育土壤功能。

6.2.1　指标计算

（1）固土量

①林分年固土量的计算公式为：

$$G_{固土}=A\times(X_2-X_1) \tag{6-5}$$

②林分年固土价值采用替代工程法计算：

$$U_{固土}=A\times C_{土}\times(X_2-X_1)/\rho \tag{6-6}$$

式中：$G_{固土}$——林分年固土量，单位为$t\cdot a^{-1}$；

X_2——无林地土壤侵蚀模数，单位为$t\cdot hm^{-2}\cdot a^{-1}$；

X_1——林地土壤侵蚀模数，单位为$t \cdot hm^{-2} \cdot a^{-1}$；

$U_{固土}$——林分年固土价值，单位为元$\cdot a^{-1}$；

$C_{土}$——挖取和运输单位体积土方所需费用，单位为元$\cdot m^{-3}$；

ρ——林地土壤容重，单位为$t \cdot m^{-3}$。

（2）保肥量

①林分年保肥量计算公式如下：

$$G_N = G_{固土} \times N \tag{6-7}$$

$$G_P = G_{固土} \times P \tag{6-8}$$

$$G_K = G_{固土} \times K \tag{6-9}$$

②林分年保肥价值计算公式如下：

$$U_{肥} = G_{固土}(N \times C_1/R_1 + P \times C_1/R_2 + K \times C_2/R_3 + M \times C_3) \tag{6-10}$$

式中：G_N、G_P、G_K——减少的氮、磷、钾流失量，单位为$t \cdot a^{-1}$；

N、P、K——林分土壤的氮、磷、钾含量，单位为%；

$U_{肥}$——林分年保肥价值，单位为元$\cdot a^{-1}$；

C_1——磷酸二铵化肥价格，单位为元$\cdot t^{-1}$；

C_2——氯化钾化肥价格，单位为元$\cdot t^{-1}$；

C_3——有机质价格，单位为元$\cdot t^{-1}$；

R_1——磷酸二铵化肥含氮量，单位为%；

R_2——磷酸二铵化肥含磷量，单位为%；

R_3——氯化钾化肥含钾量，单位为%；

M——林分土壤有机质含量，单位为%。

6.2.2　参数设置

①土壤侵蚀模数：参考上海市土壤侵蚀研究成果，确定不同城市森林类型土壤侵蚀模数（表6–2）。

②$C_{土}$：采用《上海市园林工程预算定额》数据，如2013年绿化工程挖取和运输土方价格为35.7元$\cdot m^{-3}$。

③p：参考《上海市林业碳汇计量监测体系建设报告（2013年）》，上海市不同森林类型土壤容重数据见表6–3。

表6-2　上海市不同森林类型土壤侵蚀模数

单位：$t \cdot hm^{-2} \cdot a^{-1}$

森林类型	侵蚀模数	森林类型	侵蚀模数
松类	7.80	阔叶混交林	2.40
杉类	7.80	竹林	0.10
硬阔类	0.50	经济林	0.52
软阔类	0.50	灌木林	0.52
针叶混交林	4.16	无林地	31.98

数据来源：（1）宋建锋，顾圣华，杨二，等. 上海市土壤侵蚀模数的研究与确定［J］. 中国水土保持，2013，8：42-45.
（2）吴景社，李勉，哈欢. 上海市水土流失重点防治区划分研究［J］. 中国水土保持，2013，9：11-18.
（3）赵同谦，欧阳志云，郑华，等. 中国森林生态系统服务功能及其价值评价［J］. 自然资源学报，2004，19（4）：480-491.
（4）范昕婷，郭雪艳，达良俊，等. 上海市环城绿带生态系统服务价值评估［J］. 城市环境与城市生态，2013，26（5）：1-5.

表6-3　上海市不同森林类型土壤容重

单位：$t \cdot hm^{-3}$

森林类型	土壤容重	森林类型	土壤容重
松类	1.43	阔叶混交林	1.43
杉类	1.37	针阔混交林	1.39
硬阔类	1.38	竹林	1.46
软阔类	1.33	经济林	1.43
针叶混交林	1.39	灌木林	1.41

④C_1、C_2：采用全国海关信息中心、中国化肥网评估年份的平均价格，如2013年度磷酸二铵、氯化钾肥料的价格分别为2 934.22元 $\cdot t^{-1}$、2 669.82元 $\cdot t^{-1}$；C_3采用《森林生态系统服务功能评估规范》的推荐价值，为320元 $\cdot t^{-1}$。

⑤R_1、R_2、R_3：分别采用《森林生态系统服务功能评估规范》所推荐的磷酸二铵和氯化钾化肥所含氮、磷、钾的比例，分别为14%、15.01%、50%。

⑥土壤养分含量：土壤养分含量以实测数据为主，不同城市森林类型不同土壤养分的含量见表6-4。

表6-4　不同森林类型土壤养分含量

单位：%

森林类型	有机质	氮	磷	钾
松类	2.18	0.063	0.022	1.102
杉类	3.40	0.099	0.034	1.569
硬阔类	2.79	0.081	0.028	1.336
软阔类	3.30	0.081	0.028	1.336
针叶混交林	2.72	0.128	0.031	1.593
阔叶混交林	2.52	0.128	0.031	1.593
针阔混交林	2.72	0.128	0.031	1.593
竹林	3.34	0.122	0.049	1.492
经济林	2.19	0.102	0.027	1.297
灌木林	2.71	0.102	0.027	1.297

注：土壤有机质含量为上海市林业碳汇计量监测体系建设实测数据，氮、磷、钾含量为江西、浙江等亚热带地区不同森林类型土壤养分含量平均值。

6.3

固碳释氧服务价值评估方法

森林固碳释氧量根据植物光合作用中干物质形成的化学计算式进行测算。林木每吸收（固定）1.63 t二氧化碳，释放1.19 t氧气。灌木林和竹林由于短期内达到生长高峰期，生物量变化较小，未将其纳入固碳释氧计算之内。森林固定二氧化碳量采用林分蓄积量转换法。

6.3.1　指标计算

①森林固定二氧化碳量采用林分蓄积量转换法计算，公式如下：

$$G_{碳}=A\times V\times \overline{BEF}\times \overline{SVD}\times R\times (GR-CR) \tag{6-11}$$

$$G_{二氧化碳}=G_{碳}/0.2727 \tag{6-12}$$

$$G_{氧气}=G_{碳}/0.2727\times(1.19/1.63) \tag{6-13}$$

②森林植被年固碳释氧价值量计算：

$$U_{二氧化碳}=G_{二氧化碳}\times C_{二氧化碳} \tag{6-14}$$

$$U_{氧气}=G_{氧气}\times C_{氧气} \tag{6-15}$$

式中：$G_{碳}$——森林年固碳量，单位为$t\cdot a^{-1}$；

V——林分的单位面积蓄积量，单位为$m^3\cdot hm^{-2}$；

$\overline{BEF}$——加权平均的生物量扩展系数，无量纲；

$\overline{SVD}$——加权平均的基本木材密度，单位为$t\cdot m^{-3}$；

R——林分含碳系数，无量纲；

GR——林分年均生长率；

CR——林分年均消耗率；

$G_{二氧化碳}$——林分年固定二氧化碳量，单位为$t\cdot a^{-1}$；

$G_{氧气}$——林分年释放氧气量，单位为$t\cdot a^{-1}$；

$U_{二氧化碳}$、$U_{氧气}$——固定二氧化碳和释放氧气价值，单位为元$\cdot a^{-1}$；

$C_{二氧化碳}$、$C_{氧气}$——二氧化碳和氧气价格，单位为元$\cdot t^{-1}$。

6.3.2 参数设置

①GR和CR：乔木林不同龄组及活立木生长率消耗率采用上海城市森林资源连续清查获取的实测值，表6-5为2014年完成的上海第九次森林资源连续清查所获得的蓄积量生长率和消耗率数据。

②V：乔木林不同龄组的单位面积蓄积量数据来源于评估年份的《上海城市森林资源规划设计调查报告》，表6-6为2009年度的乔木林单位面积蓄积量数据。

表6-5 乔木林各龄组蓄积量年均生长率和消耗率

单位：%

龄组	GR	CR	龄组	GR	CR
幼龄林	25.43	3.95	成熟林	5.76	8.24
中龄林	8.69	7.18	过熟林	3.29	0.00
近熟林	5.52	5.00	活立木	11.45	6.83

表6-6 上海市乔木林各龄组单位面积蓄积量

单位：$m^3 \cdot hm^{-2}$

龄组	单位面积蓄积量
幼龄林	28.23
中龄林	63.71
近熟林	87.15
成熟林	122.19
过熟林	99.97

③*R*：不同树种（森林类型）含碳系数参考《上海市林业碳汇计量监测体系建设》实测值，并结合《中国森林植被生物量和碳储量评估》（李海奎 等，2010）、《木材化学》等（江泽慧，2001；佩卿，1983）（表6-7）。

表6-7 不同森林类型含碳系数

森林类型	含碳系数	森林类型	含碳系数
松类	0.514 6	阔叶混交林	0.49
杉类	0.501 3	针阔混交林	0.497 8
硬阔类	0.483 4	竹林	0.504 2
软阔类	0.435 9	经济林	0.474 2
针叶混交林	0.510 1	灌木林	0.454

④*BEF*和*SVD*：全林生物量转换系数，即全林生物量（包括地上部和地下部）与树干生物量的比值；本次计算*BEF*加权平均值采用《省级温室气体编制指南（试行）》中上海优势树种全林生物量转换系数的加权平均参考值，大小为1.874（无量纲）。基本木材密度，即每立方米木材所含干物质质量，主要用于将蓄积量转化为生物量数据；本次计算*SVD*加权平均值采用《省级温室气体编制指南（试行）》中上海优势树种基本木材密度的加权平均值，大小为0.392 $t \cdot m^{-3}$。

⑤价值量参数：城市森林固碳价值计算中的碳价格采用上海市环境能源交易所碳排放权交易平台在评估年份的配额二氧化碳平均成交价，如2013年为33元 $\cdot t^{-1}$。氧气价值计算中价格参数综合考虑上海市高纯氧（执行标准GB/T 3863—2008）市场价格以及国家卫生和计划生育委员会网站中公布的氧气价格。

6.4 积累营养物质服务价值评估方法

森林植被是生态系统物质循环中重要的循环库，森林植被通过生化反应吸收氮、磷、钾等营养物质，并储存在体内各器官。

$$V=S\times W/T\times A\times \sum_{i=N}^{K} W_i/T_i\times P_i \qquad (6\text{-}16)$$

式中：V——林木营养物质积累价值，单位为元 ·a^{-1}；

S——森林面积，单位为hm^2；

W——森林年蓄积净生长量，单位为$m^3\cdot a^{-1}$；

T——蓄积量占总生物量的比例，单位为%；

A——木材比重，单位为%；

W_i——林木含纯氮、磷、钾量，单位为%；

T_i——化肥中含纯氮、磷、钾的比例，单位为%；

P_i——氮、磷、钾化肥及有机质价格的市场销售价格，单位为元 ·t^{-1}。

6.4.1 指标计算

①积累营养物质的物质量主要通过每年树木吸收的营养物质（氮、磷、钾）来体现，采用《森林生态系统服务功能评估规范》（GB/T 1721—2008）所推荐的方法估算，计算公式如下：

$$G_N=A\times N_{营养}\times B_{年} \qquad (6\text{-}17)$$

$$G_P=A\times P_{营养}\times B_{年} \qquad (6\text{-}18)$$

$$G_K=A\times K_{营养}\times B_{年} \qquad (6\text{-}19)$$

式中：G_N——森林固氮量，单位为$t\cdot a^{-1}$；

G_P——森林固磷量，单位为$t\cdot a^{-1}$；

G_K——森林固钾量，单位为t·a^{-1}；

$N_{营养}$、$P_{营养}$和$K_{营养}$——不同森林类型植被的氮、磷、钾元素含量，单位为%；

$B_{年}$——单位面积森林年净生产力，单位为t·hm^{-2}·a^{-1}。

②采用把营养物质折合成磷酸二铵和氯化钾化肥方法计算森林积累营养物质价值量，公式为：

$$U_{营养}=A\times B_{年}\times\left(N_{营养}\times\frac{C_1}{R_1}+P_{营养}\times\frac{C_1}{R_2}+K_{营养}\times\frac{C_2}{R_3}\right) \tag{6-20}$$

式中：$U_{营养}$——森林年营养物质积累价值，单位为元·a^{-1}；

R_1——磷酸二铵化肥含氮量，单位为%；

R_2——磷酸二铵化肥含磷量，单位为%；

R_3——氯化钾化肥含钾量，单位为%；

C_1——磷酸二铵化肥价格，单位为元·t^{-1}；

C_2——氯化钾化肥价格，单位为元·t^{-1}。

6.4.2　参数设置

①表6–8为各森林类型的优势树种林木化学成分含量。

②积累营养物质相关参数选择详见6.2保育土壤服务价值评估方法和6.3固碳释氧服务价值评估方法。

表6–8　不同森林类型优势树种林木化学成分　　单位：%

森林类型	氮含量	磷含量	钾含量	森林类型	氮含量	磷含量	钾含量
松类	0.325	0.160	0.680	阔叶混交林	0.244	0.529	1.120
杉类	0.324	0.165	0.700	竹林	0.031	0.012	0.562
硬阔类	0.237	0.972	1.390	灌木林	0.237	0.972	1.390
软阔类	0.237	0.086	0.850	经济林	0.180	0.072	0.390
针叶混交林	0.280	0.566	1.033				

6.5 净化大气环境服务价值评估方法

城市大气中的有害物质主要包括二氧化硫、氟化物、氧化亚氮等有害气体和粉尘，这些有害气体在空气中的过量集聚会导致人体呼吸系统疾病、中毒、形成雾霾天气和酸雨，损害人体健康与环境。城市森林能有效吸收这些有害气体和阻滞粉尘，还能释放氧气与萜烯化合物，从而起到净化大气的作用。因此，选择提供负离子、吸收二氧化硫、吸收氟化物、吸收氮氧化物、降低噪声和滞尘6个指标反映森林净化大气环境的能力。

树木还能对环境中重金属进行吸收，但由于不同树种对于不同重金属具有不同的积累特性，并且重金属污染往往不是孤立存在的，而是多种重金属污染元素交互作用产生污染，树木对其吸收、迁移、转化情况复杂，具有较多不确定因素，难以做出适宜的评估，因此暂不列入本研究范畴。

6.5.1 指标计算

（1）提供负离子量

国内外研究证明，当空气中负离子达到600个·cm^{-3}以上时，才能有益人体健康，所以林分年提供负离子价值采用如下公式计算：

$$G_{负离子}=365\times24\times60\times10^{10}\times Q_{负离子}\times A\times H/L \tag{6-21}$$

$$U_{负离子}=365\times24\times60\times10^{10}\times A\times H\times K\times(Q_{负离子}-600)/L \tag{6-22}$$

式中：$G_{负离子}$——林分年提供负离子物质量，单位为个·a^{-1}；

$U_{负离子}$——林分年提供负离子价值，单位为元·a^{-1}；

$Q_{负离子}$——林分提供负离子能力，单位为个·cm^{-3}；

A——林分面积，单位为hm^2；

H——森林高度，单位为m；

L——负离子寿命，单位为min；

K——生产负离子价格，单位为元/个。

（2）吸收二氧化硫

城市森林对二氧化硫、氟化物和氮氧化物的吸收量的计算采用《森林生态系统服务功能评估规范》（LY/T 1721—2008）中所推荐的方法。

①年吸收二氧化硫物质量计算见下式：

$$G_{二氧化硫}=Q_{二氧化硫}\times A \tag{6-23}$$

②年吸收二氧化硫价值量计算见下式：

$$U_{二氧化硫}=K_{二氧化硫}\times Q_{二氧化硫}\times A \tag{6-24}$$

式中：$G_{二氧化硫}$——林分年吸收二氧化硫量，单位为$kg\cdot a^{-1}$；

$Q_{二氧化硫}$——单位面积林分年吸收二氧化硫量，单位为$kg\cdot hm^{-2}\cdot a^{-1}$；

$U_{二氧化硫}$——林分年吸收二氧化硫价值量，单位为元$\cdot a^{-1}$；

$K_{二氧化硫}$——二氧化硫的治理费用，单位为元$\cdot kg^{-1}$。

（3）吸收氟化物

①年吸收氟化物物质量计算见下式：

$$G_{氟化物}=Q_{氟化物}\times A \tag{6-25}$$

②年吸收氟化物价值量计算见下式：

$$U_{氟化物}=K_{氟化物}\times Q_{氟化物}\times A \tag{6-26}$$

式中：$G_{氟化物}$——林分年吸收氟化物量，单位为$kg\cdot a^{-1}$；

$Q_{氟化物}$——单位面积林分年吸收氟化物量，单位为$kg\cdot hm^{-2}\cdot a^{-1}$；

$U_{氟化物}$——林分年吸收氟化物价值量，单位为元$\cdot a^{-1}$；

$K_{氟化物}$——氟化物的治理费用，单位为元$\cdot kg^{-1}$。

（4）吸收氮氧化物

①年吸收氮氧化物物质量计算见下式：

$$G_{氮氧化物}=Q_{氮氧化物}\times A \tag{6-27}$$

②年吸收氮氧化物价值量计算见下式：

$$U_{氮氧化物}=K_{氮氧化物}\times Q_{氮氧化物}\times A \tag{6-28}$$

式中：$G_{氮氧化物}$——林分年吸收氮氧化物量，单位为$kg\cdot a^{-1}$；

$Q_{氮氧化物}$——单位面积林分年吸收氮氧化物量，单位为$kg\cdot hm^{-2}\cdot a^{-1}$；

$U_{氮氧化物}$——林分年吸收氮氧化物价值量，单位为元 $\cdot a^{-1}$；

$K_{氮氧化物}$——氮氧化物的治理费用，单位为元 $\cdot kg^{-1}$。

（5）降低噪声

降噪价值量计算公式如下：

$$U_{噪声}=K_{噪声}\times A_{噪声} \tag{6-29}$$

$$A_{噪声}=\frac{\frac{A}{10}}{\frac{30}{\Phi}\times 25} \tag{6-30}$$

式中：$U_{噪声}$——森林降低噪声价值，单位为元 $\cdot a^{-1}$；

$K_{噪声}$——隔音墙成本，单位为元 $\cdot m^{-1}$；

$A_{噪声}$——林分折算为公路隔声屏的长度，单位为m；

10——森林隔音墙的宽度，单位为m；

Φ——测量样地（10 m×30 m）林分的隔声量去除30 m距离自然衰减量（19.2 dB）后的隔声量，单位为dB；

$\frac{30}{\Phi}\times 25$——换算为声屏障隔音效果（25 dB）所需的林带长度，单位为m。

（6）滞尘

滞尘物质量和价值量计算公式如下：

$$G_{滞尘}=A\times Q_{滞尘} \tag{6-31}$$

$$U_{滞尘}=K_{滞尘}\times A\times Q_{滞尘} \tag{6-32}$$

式中：$G_{滞尘}$——森林年滞尘量，单位为$t\cdot a^{-1}$；

$Q_{滞尘}$——单位面积森林年滞尘量，单位为$t\cdot hm^{-2}\cdot a^{-1}$；

$U_{滞尘}$——林分年滞尘价值，单位为元 $\cdot a^{-1}$；

$K_{滞尘}$——降尘处理费用，单位为元 $\cdot t^{-1}$。

6.5.2　参数设置

（1）提供负离子量

公式（6–21）、公式（6–22）中，L为负离子寿命，本次取值为10min；K为生产负离子价格，本次估算取值为5.818 5×10^{-18}元/个，引自《森林生态系统服务功能评估规范》（LY/T 1721—2008）。

上海市主要森林类型提供负离子的能力（$Q_{负离子}$）见表6–9。

表6–9 不同森林类型净化大气环境能力

森林类型	提供负离子数量/（个·cm^{-3}）	吸收有害气体量/（kg·hm^{-2}·a^{-1}）			降噪（以10 m×30 m林分计）		滞尘量/（t·hm^{-2}·a^{-1}）
		吸收二氧化硫量	吸收氟化物量	吸收氮氧化物量	隔声量/dB	去除距离衰减量Φ/dB	
松类	1 453	117.60	9.85	6	30.1	10.9	34.45
杉类	1 428	117.60	9.85	6	29.2	10.0	30.23
硬阔类	1 135	88.65	9.85	6	26.47	7.3	10.11
软阔类	1 427	88.65	9.85	6	25.1	5.9	10.11
针叶混交林	1 607	215.60	9.85	6	27.8	8.6	33.23
阔叶混交林	1 247	88.65	9.85	6	30.7	11.5	10.11
针阔混交林	1 427	152.13	9.85	6	32.4	13.2	21.67
竹林	2 751	76.06	2.58	6	26.9	7.7	8.0
经济林	727	40.14	2.58	6	24.7	5.5	8.0
灌木林	727	76.06	2.58	6	26.8	7.6	8.0

（1）负离子数据来源为：①上海市科委项目. 崇明岛环境空气负氧离子监测、评价及跟踪评估研究与示范［Z］. 2013.
②上海市农委项目. 上海市郊区森林生态系统定位研究［Z］. 2012.
③陈家瀛. 城市森林小气候效应的研究［D］. 上海：华东师范大学，2006.
④倪军，徐琼，等. 城市绿地空气负离子相关研究：以上海公园为例［J］. 中国城市林业，2004，2（3）：30-33.
（2）吸收二氧化硫、氟化物、氮氧化物以及滞尘数据来源于《中国生物多样性国情研究报告》。
（3）降噪数据来源为：①上海市科学技术委员会重大科技攻关项目，绿化降噪坡地研究与示范，2003.
②张庆费，郑思俊，夏檑，等. 上海城市绿地植物群落降噪功能及其影响因子［J］. 应用生态学报，2007，18（10）：2295-2300.

（2）吸收污染物

公式（6–23）、公式（6–24）中，上海市主要森林类型吸收二氧化硫的能力（$Q_{二氧化硫}$）见表6–9；$K_{二氧化硫}$为二氧化硫的治理费用，依照上海市发展和改革委员会印发的《关于调整本市二氧化硫排污费收费标准的通知》为1.26元·kg^{-1}。

公式（6–25）、公式（6–26）中，上海市主要森林类型吸收氟化物的能力（$Q_{氟化物}$）见表6–9；$K_{氟化物}$为氟化物的治理费用，该参数依照上海市环保局印发的《排污费征收标准及计算方法》，为0.69元·kg^{-1}。

公式（6–27）、公式（6–28）中，上海市主要森林类型吸收氮氧化物的能力（$Q_{氮氧化物}$）见表6–9；$K_{氮氧化物}$为氮氧化物的治理费用，该参数依照上海市发展和改革委员会印发的《关于调整本市氮氧化物排污费收费标准的通知》，为1.26元 $\cdot kg^{-1}$。

（3）降低噪声

公式（6–29）、公式（6–30）中，$K_{噪声}$表示隔音墙成本，本次计算采用上海市公路噪声屏障市场平均价格，如2013年度为176.7元 $\cdot m^{-1}$（高2.0 m，隔音效果达到20～30 dB，计算取值25 dB）。

（4）滞尘

公式（6–31）、公式（6–32）中，上海市主要森林类型单位面积森林年滞尘量（$Q_{滞尘}$）见表6–9；$K_{滞尘}$为降尘处理费用，该参数依照上海市环保局印发的《排污费征收标准及计算方法》，为150元 $\cdot t^{-1}$。

6.6 森林防护服务价值评估方法

6.6.1 指标计算

从农作物增产方面来估算上海城市森林防风固沙、改善区域小气候的防护功能。

$$G_{防护}=A_{防护}\times Q_{防护} \tag{6–33}$$

式中：$G_{防护}$——森林防护物质量，单位为$t\cdot a^{-1}$；

$A_{防护}$——林分面积，单位为hm^2；

$Q_{防护}$——由于农田防护林、防风固沙林等森林的存在而增加的单位面积农作物量，单位为$t\cdot hm^{-2}\cdot a^{-1}$。

$$U_{防护}=C_{防护}\times G_{防护} \tag{6–34}$$

式中：$U_{防护}$——森林防护价值量，单位为元 $\cdot a^{-1}$；

$C_{防护}$——农作物价格，单位为元 $\cdot t^{-1}$。

6.6.2 参数设置

①$Q_{防护}$：农田防护林对我国平原地区作物产量具有一定的增产作用，增产量范围为7.56%～17.56%。20世纪80年代，有学者对上海市青浦区农田水网地区农田林网对水稻产量的影响作了研究，结果表明，距林带距离

的不同，增产幅度为5%～15%（宋兆民 等，1982）。沈青叶 等（2010）对上海市崇明岛不同防护林模式对水稻产量的增产研究表明，防护林模式下增产率为3.8%～31.2%。以2013年为例，国家统计局数据显示当年上海粮食单位面积产量为6 774.10 kg·hm^{-2}，水稻作为上海市主要粮食作物，采用其在林网保护下可增产15%作为粮食作物增产率估算值，求得$Q_{防护}$为0.88 t·hm^{-2}。

②$A_{防护}$：具有防护功能的沿海防护林、通道林（护路林、护岸林、高压走廊林、农田防护林和外环林）的面积，如2013年上海市防护林的总面积为26 146.49 hm^2。这里将所有类型防护林的防护物质量都以农作物增产量进行估算。

③$C_{防护}$：采用评估当年中华粮网等权威机构的上海市稻米批发价格，进行森林防护价值量的估算。如2013年份的稻米价格为4 200元·t^{-1}。

6.7 生物多样性保护服务价值评估方法

Shannon–Wiener指数是衡量生态系统物种多样性的一个经典指标，既能够反映森林中物种的丰富度，也能够表达物种分布的均匀度。依据《森林生态系统服务功能评估规范》（LY/T 1721—2008），通过计算林分尺度的Shannon–Wiener指数，将Shannon–Wiener指数及单位面积生物多样性保育机制划分为7个等级（表6–10）。

表6–10　生物多样性指数等级划分及其物种保有价值量

等级	生物多样性指数	物种保有价值量/（元·hm^{-2}·a^{-1}）
Ⅰ	≥6	50 000
Ⅱ	≥5～<6	40 000
Ⅲ	≥4～<5	30 000
Ⅳ	≥3～<4	20 000
Ⅴ	≥2～<3	10 000
Ⅵ	≥1～<2	5 000
Ⅶ	<1	3 000

通过计算不同林分的Shannon-Wiener指数，根据表6-10即可确定单位面积的价值量，再乘以林分面积，即可得到森林物种多样性保育功能的总价值。计算公式：

$$U_{生物}=S_{生}\times A \quad (6\text{-}35)$$

式中：$U_{生物}$——林分物种多样性保育价值年总量，单位为元·a^{-1}；

$S_{生}$——单位面积物种多样性保育价值量，单位为元·hm^{-2}·a^{-1}；

A——林分面积，单位为hm^2。

参考王兵 等（2008）对全国39种林分的Shannon-Wiener多样性指数等级分布，确定上海市主要林分类型的多样性等级分布（表6-11）。

表6-11 不同森林类型Shannon-Wiener指数等级分布

森林类型		面积/hm^2	Shannon-Wiener指数等级
乔木林	松类	1 481.169	Ⅵ
	杉类	8 024.647	Ⅳ
	硬阔类	46 409.848	Ⅴ
	软阔类	6 568.268	Ⅴ
	针叶混交林	24.603	Ⅳ
	阔叶混交林	7 050.738	Ⅴ
	针阔混交林	2 683.362	Ⅴ
乔木经济林		100.301	Ⅳ
灌木林	特殊灌木林	13 605.260	Ⅳ
	其他	8 570.006	Ⅴ
竹林	毛竹	78.344	Ⅴ
	杂竹	3 008.524	Ⅴ

资料来源：王兵，郑秋红，郭浩. 基于Shannon-Wiener指数的中国森林物种多样性保育价值评估方法［J］. 林业科学研究，2008，21（2）：268-274.

6.8
森林游憩服务价值评估方法

常用的森林游憩的评估方法有旅行费用法、条件价值法、费用支出法等。

旅行费用法是比较流行的森林游憩价值评估方法之一，其利用旅游者的旅游成本来反映游憩地的价格，借以推算出对游憩地的需求价值。该方法从森林游憩产品的最终消费者的角度出发，根据不同旅游者前往某一森林游憩地所花费的旅游费用及时间机会成本、门票等，画出该旅游地的需求曲线，并计算出包括消费者剩余在内的经济价值。

条件价值法是通过对游客进行问卷调查，测算游客对景观的平均支付意愿，并以此作为合理门票价格，从而获得森林景观资产评估值的方法。

费用支出法是以效用价值论和消费者剩余理论为基础，从消费者角度出发，以游客为获得森林经管服务而实际支出的各种费用作为森林的景观价值。

通过查询评估年度的《上海绿化市容行业统计年鉴》，统计上海市各公园的全年游人量，查核具体的门票价格收入以每人次的全额票额进行计算。对于非收费公园，其游憩价值量参考收费公园，单一人次的游憩价值按照15元计算。表6-12列出了2013年度上海市主要公园的游憩人数和门票价格情况。

表6-12　2013年上海市主要城市公园游憩人数及门票价格

序号	公园名称	区位	全年游人量/人次	门票价格/（元/人）
1	东平国家森林公园	崇明	320 000	70
2	海湾国家森林公园	奉贤	30 000	50
3	共青国家森林公园	杨浦	2 231 420	15
4	上海动物园	长宁	2 652 021	40
5	上海植物园	徐汇	3 410 880	15
6	古猗园	嘉定	2 059 059	12
7	上海滨江森林公园	浦东	529 537	20

（续表）

序号	公园名称	区位	全年游人量/人次	门票价格/（元/人）
8	上海辰山植物园	松江	919 136	60
9	桂林公园	徐汇	340 335	2
10	大宁灵石	闸北	3 008 391	2
11	炮台湾湿地公园	宝山	1 662 813	10
12	顾村公园	宝山	1 186 270	20
13	汇龙潭公园	嘉定	129 088	5
14	秋霞圃	嘉定	83 833	10
15	世纪公园	浦东	1 558 400	10
16	上海野生动物园	浦东	976 851	130
17	上海醉白池公园	松江	638 198	12
18	上海方塔园	松江	603 943	12
19	上海曲水园	青浦	662 796	5
20	上海大观园	青浦	245 646	60
21	其他非收费公园	全市	196 428 806	15

Urban Forest Ecosystem

第7章

上海城市森林生态系统服务价值评估结果

7.1
服务价值的总量与构成

7.1.1 服务价值总量

本部分内容以2013年评估结果为例，对上海城市森林生态系统服务价值的总量和构成进行分析，以揭示上海城市森林生态系统服务的基本特征。

参考2009年上海市森林资源规划设计调查成果、2010—2011年度上海市森林资源动态更新结果、2012—2013年度上海市森林资源动态监测报告，截至2013年底，上海全市林业用地面积100 932 hm^2，占陆域总面积的15.92%，森林覆盖率为13.13%。

乔木林面积67 002 hm^2（含乔木经济林），其中纯林45 156 hm^2，占乔木林面积的67.40%；混交林面积21 846 hm^2，占乔木林面积的32.60%。乔木林按优势树种划分，其中松类面积1 011 hm^2，占乔木林面积的1.51%；杉类面积6 744 hm^2，占乔木林面积的10.07%；硬阔类面积28 628 hm^2，占乔木林面积的42.73%；软阔类面积5 047 hm^2，占乔木林面积的7.53%；针叶混交林面积231 hm^2，占乔木林面积的0.34%；阔叶混交林面积17 034 hm^2，占乔木林面积的25.42%；针阔混交林面积4 523 hm^2，占乔木林面积的6.75%；乔木经济林面积3 784 hm^2，占乔木林面积的5.65%。乔木林按龄组划分，其中幼龄林面积49 671 hm^2，占乔木林面积的74.13%；中龄林面积12 269 hm^2，占乔木林面积的18.31%；近熟林面积2 976 hm^2，占乔木林面积的4.44%；成熟林面积1 916 hm^2，占乔木林面积的2.86%；过熟林面积171 hm^2，占乔木林面积的0.26%。

竹林面积3 182 hm^2。其中，毛竹林面积79 hm^2，杂竹林面积3 083 hm^2，活立竹总株数101 361 000株。

全市灌木林面积21 160 hm^2，其中特殊灌木林（灌木经济林）面积13 082 hm^2，占灌木林面积的61.82%；其他灌木林面积8 078 hm^2，占灌木林面积的38.18%。

2013年度上海市不同城市森林类型的面积详见表7-1。

表7–1 2013年上海市不同森林类型的面积

单位：hm^2

森林类型		幼龄林面积	中龄林面积	近熟林面积	成熟林面积	过熟林面积	合计面积
乔木林	松类	620.785	342.359	39.041	8.791	0.000	1 010.976
	杉类	3 416.653	1 654.233	738.866	933.202	1.538	6 744.492
	硬阔类	25 826.790	2 567.022	184.539	45.975	3.375	28 627.701
	软阔类	996.010	2 344.837	1 048.039	526.692	131.330	5 046.908
	针叶混交林	112.782	74.183	10.369	33.810	0.209	231.353
	阔叶混交林	13 280.002	2 900.471	584.708	247.630	21.081	17 033.892
	针阔混交林	2 736.295	1 409.513	312.064	64.772	0.654	4 523.298
乔木经济林		2 682.088	975.983	58.454	54.937	12.400	3 783.862
灌木林	特殊灌木林（灌木经济林）						13 081.869
	其他灌木林						8 077.994
竹林	毛竹林						78.525
	杂竹林						3 083.257
合计							91 324.127

评估结果显示，2013年度，上海全市域范围内的城市森林资源在涵养水源、保育土壤、固碳释氧、积累营养物质、净化大气环境、森林防护、生物多样性保护和森林游憩8个方面的生态系统服务总价值达116.19亿元人民币（表7–2，图7–1），城市森林所提供的单位面积（1 hm^2）生态系统服务价值为12.72万元，年均每人享受服务价值500余元。

表7–2 2013年上海城市森林生态系统服务汇总表

森林生态服务		物质量	价值量/（万元·a^{-1}）	价值比例/%	单位面积物质量	单位面积价值量/（元·hm^{-2}·a^{-1}）
总服务价值			1 161 893.51	100.00		127 227.40
涵养水源	调节水量	$31\ 427.16\times10^4\ t\cdot a^{-1}$	471 407.38	40.57	$3\ 441.28\ t\cdot hm^{-2}\cdot a^{-1}$	51 619.15
	净化水质		108 423.70	9.33		11 872.40
保育土壤	固土	$277.32\times10^4\ t\cdot a^{-1}$	7 080.79	0.61	$30.37\ t\cdot hm^{-2}\cdot a^{-1}$	775.35
	保肥	$11.92\times10^4\ t\cdot a^{-1}$	30 636.95	2.64	$1.31\ t\cdot hm^{-2}\cdot a^{-1}$	3 354.75

（续表）

森林生态服务		物质量	价值量/（万元·a^{-1}）	价值比例/%	单位面积物质量	单位面积价值量/（元·hm^{-2}·a^{-1}）
固碳释氧	吸收二氧化碳	40.46×10^4 t·a^{-1}	1 335.29	0.11	6.04 t·hm^{-2}·a^{-1}	199.29
	释放氧气	29.54×10^4·t·a^{-1}	29 540.68	2.54	4.41 t·hm^{-2}·a^{-1}	4 408.89
积累营养物质		0.48×10^4 t·a^{-1}	5 666.73	0.49	0.072 t·hm^{-2}·a^{-1}	845.75
净化大气	提供负离子	3.95×10^{23}个·a^{-1}	114.71	0.01	4.33×10^{18}个·hm^{-2}·a^{-1}	12.56
	吸收二氧化硫	814.72×10^4 kg·a^{-1}	1 026.55	0.09	89.21 kg·hm^{-2}·a^{-1}	112.41
	吸收氟化物	69.53×10^4 kg·a^{-1}	47.97	0.00	7.61 kg·hm^{-2}·a^{-1}	5.25
	吸收氮氧化物	54.80×10^4 kg·a^{-1}	69.04	0.01	6.00 kg·hm^{-2}·a^{-1}	7.56
	降低噪声		18 395.23	1.58		2 014.28
	滞尘	108.19×10^4 t·a^{-1}	16 228.93	1.40	11.85 t·hm^{-2}·a^{-1}	1 777.07
森林防护		2.31×10^4 t·a^{-1}	9 703.05	0.84	0.88 t·hm^{-2}·a^{-1}	3 711.04
生物多样性保护			114 660.22	9.87		12 555.30
森林游憩			347 556.29	29.91		38 049.02

其中，涵养水源服务在8项生态系统服务中占比最高，总价值量为579 831.08万元·a^{-1}，占总价值的49.90%，接近总生态系统服务价值的一半。在涵养水源服务中，调节水量的价值为31 427.16×10^4 t·a^{-1}，占40.57%。城市森林的涵养水源功能，可以作为城市防洪排涝系统的有利补充，是海绵城市建设的重要载体。

其他生态系统服务价值量从大到小依次为：森林游憩（347 556.29万元·a^{-1}，占29.91%）＞生物多样性保护（114 660.22万元·a^{-1}，占9.87%）＞保育土壤（37 717.74万元·a^{-1}，占3.25%）＞固碳释氧（30 875.97万元·a^{-1}，占2.65%）＞降低噪声（18 395.23万元·a^{-1}，占1.58%）＞滞尘（16 228.93万元·a^{-1}，占1.40%）＞森林防护（9 703.05万元·a^{-1}，占0.84%）＞积累营养物质（5 666.73万元·a^{-1}，占0.49%）＞吸收污染物（包括吸收二氧化硫、吸收氟化物、吸收氮氧化物）（1 143.56万元·a^{-1}，占0.10%）＞提供负氧离子（114.71万元·a^{-1}，占0.01%）。

与天然林相比，人类与城市森林的接触更为密切，城市森林在休闲、观赏及旅游方面的功能更容易被人类获得和感知，因此具有较高的游憩服务价值。城市森林的生物多样性保护价值，充分展示了其作为城市野生动植物栖息地的重要作用，为城市生物多样性保护和城市生态安全提供了切实保障。在河网密布、降雨丰沛的上海地区，城市森林能够有效地降低水土流失，减缓土壤中养分的流失和流域水环境的污染。另外，城市森林可观的固碳释氧价值表明，增加森林面积，科学经营管理现有森林可提升碳汇服务功能，对中和温室气体碳排放具有重要潜力。在人口高度密集、环境污染严重的城市化地区，城市森林可以在改善生态环境方面发挥更大作用，特别是在滞纳颗粒物和降低污染物浓度方面。最后，上海作为沿江沿海的特大城市，有丰富的江海岸线，海岸带防护林不仅能有效降低风暴潮和台风天气对防护堤内工农业生产的影响，还能发挥海岸防护和消浪护堤等重要作用。

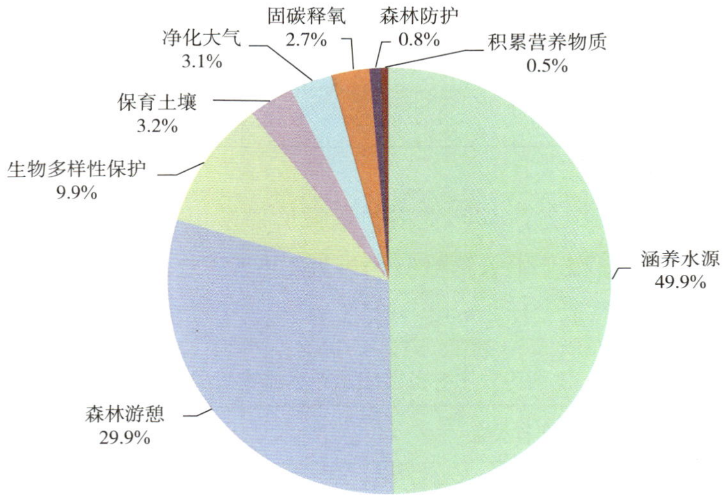

图7-1　2013年上海城市森林生态系统服务价值量比例

7.1.2　服务价值构成分析

7.1.2.1　涵养水源

上海城市森林年调节水量（净化水质量）31 427.16×10^4 t，年涵养水源产生价值579 831.08万元，其中年调节水量产生价值471 407.38万元，年净化水质产生价值108 423.70万元。

城市森林单位面积（1 hm^2）年调节水量3 441.28 t，单位面积（1 hm^2）年调节水量产生价值51 619.15元，单位面积（1 hm^2）年净化水质产生价值11 872.40元。

不同类型城市森林年涵养水源的物质量和价值量见表7-3。其中乔木林是上海城市森林的主体，其年调节水量和净化水质价值量合计为419 080.63万元，约占城市森林资源该项服务总价值量的72.3%；其次为灌木林，其年调节水量和净化水质价值量合计为121 541.15万元，占比为21.0%。

表7-3　上海市不同类型城市森林涵养水源物质量与价值量

森林类型	调节水量		净化水质价值量/（万元·a^{-1}）	总价值量/（万元·a^{-1}）
	物质量/（10^4 t·a^{-1}）	价值量/（万元·a^{-1}）		
乔木林	22 714.40	340 715.96	78 364.67	419 080.63
竹林	984.34	14 765.13	3 395.98	18 161.11
经济林	1 140.82	17 112.35	3 935.84	21 048.19
灌木林	6 587.60	98 813.94	22 727.21	121 541.15
合计	31 427.16	471 407.38	108 423.70	579 831.08

乔木林年涵养水源服务按龄组结构分，其产生物质量和价值量见表7-4。其中，幼龄林是上海城市森林涵养水源服务的主体，其年调节水量和净化水质价值合计为326 557.24万元，约占乔木林涵养水源总价值的77.9%，其次为中龄林（66 867.08万元），占比为16.0%。

表7-4　上海市乔木林各龄组涵养水源物质量与价值量

龄组	调节水量		净化水质价值量/（万元·a^{-1}）	总价值量/（万元·a^{-1}）
	物质量/（10^4 t·a^{-1}）	价值量/（万元·a^{-1}）		
幼龄林	17 699.58	265 493.69	61 063.55	326 557.24
中龄林	3 624.23	54 363.48	12 503.60	66 867.08
近熟林	856.85	12 852.80	2 956.14	15 808.94
成熟林	476.50	7 147.52	1 643.93	8 791.45
过熟林	57.24	858.47	197.45	1 055.92
合计	22 714.40	340 715.96	78 364.67	419 080.63

乔木林年涵养水源服务按树种类型分，其产生物质量和价值量见表7-5。其中，硬阔类是上海城市森林涵养水源服务最主要的树种类型，其年调节水量和净化水质价值合计为253 259.13万元，占比超过乔木林涵养水源总价值的一半以上（60.4%）；其次为阔叶混交林（82 055.08万元），占比为19.6%；再次为软阔类（35 191.78万元），占比为8.4%。价值量占比最小的优势树种类型为针叶混交林（932.68万元），占比仅为0.2%左右。

表7-5 上海市乔木林不同优势树种（组）涵养水源物质量与价值量

优势树种（组）	调节水量		净化水质价值量/（万元·a^{-1}）	总价值量/（万元·a^{-1}）
	物质量/（10^4 t·a^{-1}）	价值量/（万元·a^{-1}）		
松类	303.70	4 555.53	1 047.77	5 603.30
杉类	1 193.84	17 907.54	4 118.73	22 026.27
硬阔类	13 726.78	205 901.73	47 357.40	253 259.13
软阔类	1 907.41	28 611.20	6 580.58	35 191.78
针叶混交林	50.56	758.28	174.40	932.68
阔叶混交林	4 447.43	66 711.45	15 343.63	82 055.08
针阔混交林	1 084.68	16 270.23	3 742.16	20 012.39
合计	22 714.40	340 715.96	78 364.67	419 080.63

城市森林作为城市的"绿色水库"，具有显著的涵养水源功能。如按都市人均每天生活用水0.25 t计，2013年上海城市森林年调节水量可供当年户籍常住人口（1 425.14万人）生活88天。

7.1.2.2 保育土壤

上海城市森林的年固土量为277.32×10^4 t，年保肥量为11.92×10^4 t。固土保肥年价值37 717.74万元，其中，年固土价值7 080.79万元，年保肥价值30 636.95万元。

上海城市森林单位面积（1 hm^2）年固土量为30.37 t，单位面积（1 hm^2）年固土产生价值775.35元；单位面积（1 hm^2）年保肥量为1.31 t，单位面积（1 hm^2）年保肥价值3 354.75元。

不同类型城市森林年固土保肥的物质量和价值量见表7-6。其中，乔木林是上海城市森林的主体，年固土保肥价值合计为26 036.09万元，约占该项服务总价值量的69.0%。

表7-6 上海市不同类型城市森林固土保肥物质量与价值量

森林类型	固土		保肥		总价值量/（万元·a^{-1}）
	物质量/（10^4 t·a^{-1}）	价值量/（万元·a^{-1}）	物质量/（10^4 t·a^{-1}）	价值量/（万元·a^{-1}）	
乔木林	188.77	4 851.66	8.24	21 184.43	26 036.09
竹林	10.08	246.47	0.50	1 265.11	1 511.58
经济林	11.90	297.19	0.43	1 225.19	1 522.38

（续表）

森林类型	固土		保肥		总价值量/（万元·a^{-1}）
	物质量/（10^4 t·a^{-1}）	价值量/（万元·a^{-1}）	物质量/（10^4 t·a^{-1}）	价值量/（万元·a^{-1}）	
灌木林	66.57	1 685.47	2.75	6 962.22	8 647.69
合计	277.32	7 080.79	11.92	30 636.95	37 717.74

乔木林年固土保肥服务按龄组结构分，其物质量和价值量见表7–7。其中，幼龄林的固土保肥价值最高，其年总价值合计为19 427.20万元，约占乔木林固土保肥总价值的74.6%；其次为中龄林（4 632.69万元），占比为17.8%。

表7–7　上海市乔木林各龄组固土保肥物质量与价值量

龄组	固土		保肥		总价值量/（万元·a^{-1}）
	物质量/（10^4 t·a^{-1}）	价值量/（万元·a^{-1}）	物质量/（10^4t·a^{-1}）	价值量/（万元·a^{-1}）	
幼龄林	141.65	3 630.62	6.11	15 796.58	19 427.20
中龄林	33.12	855.47	1.48	3 777.22	4 632.69
近熟林	8.42	219.42	0.39	964.93	1 184.35
成熟林	5.09	133.06	0.24	592.84	725.90
过熟林	0.49	13.09	0.02	52.86	65.95
合计	188.77	4 851.66	8.24	21 184.43	26 036.09

乔木林年固土保肥服务按树种类型分，其物质量和价值量见表7–8。其中，硬阔类是上海城市森林固土保肥最主要的树种类型，其年总价值量合计为11 588.43万元，占比超过乔木林固土保肥总价值的44.5%，其次为阔叶混交林（7 607.36万元），占比为29.2%；再次为杉类（2 415.52万元），占比为9.3%；价值量占比最小的优势树种类型为针叶混交林（98.05万元），占比仅为0.4%左右。

表7–8　上海市乔木林不同优势树种（组）固土保肥物质量与价值量

优势树种（组）	固土		保肥		总价值量/（万元·a^{-1}）
	物质量/（10^4 t·a^{-1}）	价值量/（万元·a^{-1}）	物质量/（10^4 t·a^{-1}）	价值量/（万元·a^{-1}）	
松类	2.44	61.03	0.08	203.69	264.72

（续表）

优势树种（组）	固土		保肥		总价值量/（万元·a^{-1}）
	物质量/（10^4 t·a^{-1}）	价值量/（万元·a^{-1}）	物质量/（10^4 t·a^{-1}）	价值量/（万元·a^{-1}）	
杉类	16.31	424.96	0.83	1 990.56	2 415.52
硬阔类	90.12	2 331.36	3.82	9 257.07	11 588.43
软阔类	15.89	426.46	0.75	1 657.90	2 084.36
针叶混交林	0.64	16.53	0.03	81.52	98.05
阔叶混交林	50.39	1 257.90	2.15	6 349.46	7 607.36
针阔混交林	12.98	333.42	0.58	1 644.23	1 977.65
合计	188.77	4 851.66	8.24	21 184.43	26 036.09

城市森林中乔灌木丰富的根系能够固持和改良土壤，发挥保育土壤、减少水土流失、降低水环境污染的巨大作用。上海城市森林固土量若按土层深度40 cm计算，每年森林可减少土地损失488.1 hm^2；森林年保肥量相当于节省化肥11.92×10^4 t。2014年上海氮、磷、钾化肥产量1.47×10^4 t，森林年保肥量相当于上海市2014年全年化肥产量的8倍多。

7.1.2.3　固碳释氧

上海城市森林年吸收二氧化碳量40.46×10^4 t，年释放氧气量29.54×10^4 t；森林固碳释氧年价值30 875.97万元，其中，年固碳价值1 335.29万元，年释氧价值29 540.68万元。

乔木林和乔木经济林单位面积（1 hm^2）年吸收二氧化碳量6.04 t，单位面积（1 hm^2）年产生价值199.29元；单位面积（1 hm^2）年释放氧气量4.41 t，单位面积（1 hm^2）年产生价值4 408.89元。

乔木林年固碳量38.28×10^4 t，年释氧量27.95×10^4 t，年总价值达29 208.83万元。

表7-9　乔木林各龄组固碳释氧物质量与价值量

龄组	固碳		释氧		总价值量/（万元·a^{-1}）
	物质量/（10^4 t·a^{-1}）	价值量/（万元·a^{-1}）	物质量/（10^4 t·a^{-1}）	价值量/（万元·a^{-1}）	
幼龄林	37.37	1 233.24	27.28	27 282.96	28 516.20
中龄林	1.41	46.43	1.03	1 027.19	1 073.62
近熟林	0.17	5.57	0.12	123.32	128.89
成熟林	−0.73	−24.11	−0.53	−533.37	−557.48

（续表）

龄组	固碳		释氧		总价值量/（万元·a^{-1}）
	物质量/（10^4 t·a^{-1}）	价值量/（万元·a^{-1}）	物质量/（10^4 t·a^{-1}）	价值量/（万元·a^{-1}）	
过熟林	0.06	2.06	0.05	45.54	47.60
合计	38.28	1 263.19	27.95	27 945.64	29 208.83

乔木林年固碳释氧服务按龄组结构分，产生的物质量和价值量见表7-9。其中，幼龄林的固碳释氧价值最高，其年总价值合计为28 516.20万元，约占乔木林固碳释氧总价值的9成以上。这主要是因为2013年幼龄林是上海城市森林的主体。

乔木林年固碳释氧服务按各树种类型分，产生的物质量和价值量见表7-10。其中，硬阔类的固碳释氧价值最高，其年总价值合计为15 802.49万元，占乔木林固碳释氧总价值的一半以上（54.1%）；其次为阔叶混交林，其年总价值合计为8 350.04万元，占比为28.6%。

按上海市2012年人均每年二氧化碳排放627 kg计算（朱洪 等，2014），2013年上海市森林固碳功能可抵消64.62万人的碳排放；释放的氧气可供81.24万人生活1年。

表7-10　上海市乔木林不同优势树种（组）固碳释氧物质量与价值量

优势树种（组）	固碳		释氧		总价值量/（万元·a^{-1}）
	物质量/（10^4 t·a^{-1}）	价值量/（万元·a^{-1}）	物质量/（10^4 t·a^{-1}）	价值量/（万元·a^{-1}）	
松类	0.57	18.69	0.41	413.39	432.08
杉类	2.68	88.34	1.95	1 954.16	2 042.50
硬阔类	20.71	683.41	15.12	15 119.08	15 802.49
软阔类	0.89	29.47	0.65	652.06	681.53
针叶混交林	0.09	2.98	0.07	66.03	69.01
阔叶混交林	10.94	361.11	7.99	7 988.93	8 350.04
针阔混交林	2.40	79.19	1.76	1 751.99	1 831.18
合计	38.28	1 263.19	27.95	27 945.64	29 208.83

7.1.2.4　积累营养物质

2013年，上海城市森林年积累营养物质4 800.50 t，其中年固氮量554.06 t，年固磷量1 575.11 t，年固钾量

2 671.33 t。上海城市森林年积累营养物质总价值为5 666.73万元。

乔木林和乔木经济林单位面积（1 hm²）年积累营养物质0.072 t，单位面积（1 hm²）年积累营养物质产生价值845.75元。

乔木林年积累营养物质4 719.84 t，其中，年固氮量531.45 t，年固磷量1 566.07 t，年固钾量2 622.32 t，年总价值达4 871.30万元。

乔木林年积累营养物质服务按龄组结构分，产生的物质量和价值量见表7-11。其中，幼龄林的积累营养物质价值最高，其年总价值合计为4 765.96万元，约占乔木林积累营养物质总价值的97.8%。其他龄组的贡献相对有限。

表7-11 上海市乔木林各龄组积累营养物质物质量与价值量

龄组	总物质量/（$t \cdot a^{-1}$）	氮物质量/（$t \cdot a^{-1}$）	磷物质量/（$t \cdot a^{-1}$）	钾物质量/（$t \cdot a^{-1}$）	总价值量/（万元 $\cdot a^{-1}$）
幼龄林	4 614.41	519.15	1 534.11	261.15	4 765.96
中龄林	141.88	20.56	37.97	83.35	140.90
近熟林	14.47	2.57	2.94	8.96	13.81
成熟林	-55.91	-11.75	-9.59	-34.57	-53.66
过熟林	4.99	0.92	0.64	3.43	4.29
合计	4 719.84	531.45	1 566.07	2 622.32	4 871.30

乔木林年积累营养物质按各树种类型分，产生物质量和价值量见表7-12。其中，硬阔类的年积累营养物质价值最高，其年总价值合计为3 210.84万元，约占乔木林年积累营养物质总价值的65.9%。

表7-12 上海市乔木林不同优势树种（组）积累营养物质物质量与价值量

优势树种（组）	总物质量/（$t \cdot a^{-1}$）	氮物质量/（$t \cdot a^{-1}$）	磷物质量/（$t \cdot a^{-1}$）	钾物质量/（$t \cdot a^{-1}$）	总价值量/（万元 $\cdot a^{-1}$）
松类	34.96	9.75	4.80	20.41	35.49
杉类	173.13	47.18	24.02	101.93	174.46
硬阔类	3 036.34	276.88	1 135.56	1 623.90	3 210.84
软阔类	65.54	13.24	4.81	47.49	53.40
针叶混交林	9.09	1.36	2.74	4.99	9.49
阔叶混交林	1 152.84	148.60	322.16	682.08	1 135.99
针阔混交林	247.94	34.44	71.98	141.52	251.63
合计	4 719.84	531.45	1 566.07	2 622.32	4 871.30

7.1.2.5 净化大气环境

城市往往是空气污染的重灾区，各种空气污染物（如二氧化硫、氮氧化物、氟化物、PM2.5等）给居民的身体、生产和生活带来了严重危害。城市森林在大气生态平衡中起着“除污吐新”的作用，植物能够通过叶片拦截、富集和吸收污染物质，同时提供负离子和萜烯类物质等对人类有益的物质，且对大气环境污染具有净化作用。

（1）提供负离子

2013年，上海城市森林年提供负离子395.48×10^{21}个，年价值量为114.71万元；其中，乔木林年提供负离子为331.60×10^{21}个，占83.85%；竹林年提供负离子为22.86×10^{21}个，占5.78%；经济林年提供负离子为8.68×10^{21}个，占2.19%；灌木林年提供负离子为32.34×10^{21}个，占8.18%。

城市森林单位面积（1 hm^2）年提供负离子4.33×10^{18}个，单位面积（1 hm^2）年提供负离子产生价值12.56元。

城市森林提供负离子按主要地类分，产生的物质量与价值量见表7-13。

表7-13 上海市不同类型城市森林提供负离子物质量与价值量

森林类型	提供负离子物质量/（10^{21}个·a^{-1}）	提供负离子价值量/（万元·a^{-1}）
乔木林	331.60	100.14
竹林	22.86	10.40
经济林	8.68	0.88
灌木林	32.34	3.29
合计	395.48	114.71

乔木林提供负离子按龄组结构分，产生的物质量与价值量见表7-14。其中，幼龄林是上海城市森林提供负离子服务的主体，其年价值量为70.87万元，约占城市森林资源提供负离子年总价值的70.8%；其次为中龄林（19.8万元），占比为19.8%。

表7-14 上海市乔木林各龄组提供负离子物质量与价值量

龄组	提供负离子物质量/（10^{21}个·a^{-1}）	提供负离子价值量/（万元·a^{-1}）
幼龄林	240.35	70.87
中龄林	62.51	19.80
近熟林	16.85	5.52

（续表）

龄组	提供负离子物质量/（10^{21}个·a^{-1}）	提供负离子价值量/（万元·a^{-1}）
成熟林	10.95	3.64
过熟林	0.94	0.31
合计	331.60	100.14

乔木林提供负离子按树种类型分，产生的物质量与价值量见表7-14。硬阔类提供负离子服务的年价值量为37.47万元，约占乔木林提供负离子年总价值的37.4%；其次为阔叶混交林（26.96万元），占比为26.9%。

表7-15　上海市乔木林不同优势树种（组）提供负离子物质量与价值量

优势树种（组）	提供负离子物质量/（10^{21}个·a^{-1}）	提供负离子价值量/（万元·a^{-1}）	优势树种（组）	提供负离子物质量/（10^{21}个·a^{-1}）	提供负离子价值量/（万元·a^{-1}）
松类	6.18	2.11	针叶混交林	1.56	0.58
杉类	40.50	13.66	阔叶混交林	89.32	26.96
硬阔类	136.62	37.47	针阔混交林	27.14	9.15
软阔类	30.28	10.21	合计	331.60	100.14

国际联盟大气联合委员会报告指出，只有当空气中负离子浓度达到 1 000～2 000个/cm^3时，才能维持人类健康的基本需求。专业负离子发生器可产生负离子浓度3 392～15 000个/cm^3，按平均数9 196个/cm^3估算，2013年上海城市森林产生的负离子数相当于434台负离子发生器1年产生的负离子量。

（2）吸收污染物

上海城市森林年吸收污染物939.05×10^4 kg，年产生价值1 143.56万元。其中，年吸收二氧化硫814.72×10^4 kg，年产生价值1 026.55万元；年吸收氟化物69.53×10^4 kg，年产生价值47.97万元；年吸收氮氧化物54.80×10^4 kg，年产生价值69.04万元。

城市森林单位面积（1 hm^2）年吸收污染物102.83 kg，其中二氧化硫为89.21 kg，氟化物为7.61 kg，氮氧化物为6.00 kg。单位面积（1 hm^2）年吸收污染物产生价值125.22元。

不同类型城市森林吸收污染物质量和价值量见表7-16。乔木林是城市森林吸收污染物的主体，其年吸收污染物的物质量合计为714.74×10^4 kg，价值量合计为865.08万元，占比分别为76.1%和75.7%。

表7-16　上海市不同类型城市森林吸收污染物物质量与价值量

森林类型	吸收二氧化硫		吸收氟化物		吸收氮氧化物		吸收污染物合计	
	物质量/（10^4 kg·a^{-1}）	价值量/（万元·a^{-1}）	物质量/（10^4 kg·a^{-1}）	价值量/（万元·a^{-1}）	物质量/（10^4 kg·a^{-1}）	价值量/（万元·a^{-1}）	物质量/（10^4 kg·a^{-1}）	价值量/（万元·a^{-1}）
乔木林	614.54	774.32	62.27	42.97	37.93	47.79	714.74	865.08
竹林	24.05	30.30	0.82	0.56	1.90	2.39	26.77	33.25
经济林	15.19	19.14	0.98	0.67	2.27	2.86	18.44	22.67
灌木林	160.94	202.79	5.46	3.77	12.70	16.00	179.1	222.56
合计	814.72	1 026.55	69.53	47.97	54.80	69.04	939.05	1 143.56

乔木林吸收污染物服务按龄组结构分，产生的物质量和价值量见表7-17。年吸收污染物服务价值最高的龄组为幼龄林（630.74万元），占比为72.9%；其次为中龄林（162.10万元），占比为18.7%。过熟林吸收污染的服务价值最低（2.01万元），占比仅为0.2%。

表7-17　上海市乔木林各龄组吸收污染物物质量与价值量

龄组	吸收二氧化硫		吸收氟化物		吸收氮氧化物		吸收污染物合计	
	物质量/（10^4 kg·a^{-1}）	价值量/（万元·a^{-1}）	物质量/（10^4 kg·a^{-1}）	价值量/（万元·a^{-1}）	物质量/（10^4 kg·a^{-1}）	价值量/（万元·a^{-1}）	物质量/（10^4 kg·a^{-1}）	价值量/（万元·a^{-1}）
幼龄林	447.05	563.28	46.28	31.94	28.19	35.52	521.52	630.74
中龄林	115.78	145.88	11.12	7.68	6.78	8.54	133.68	162.10
近熟林	30.23	38.09	2.87	1.98	1.75	2.21	34.85	42.28
成熟林	20.06	25.28	1.84	1.26	1.12	1.41	23.02	27.95
过熟林	1.42	1.79	0.16	0.11	0.09	0.11	1.67	2.01
合计	614.54	774.32	62.27	42.97	37.93	47.79	714.74	865.08

乔木林吸收污染物服务按树种类型分，产生的物质量和价值量见表7-18。年吸收污染物服务价值最高的树种类型为硬阔类（360.87万元），占比为41.7%；其次为阔叶混交林（214.73万元），占比为24.8%。针叶混交林的年吸收污染服务价值最低（6.61万元），占比仅为0.8%。

表7-18　上海市乔木林不同优势树种（组）吸收污染物物质量与价值量

优势树种（组）	吸收二氧化硫		吸收氟化物		吸收氮氧化物		吸收污染物合计	
	物质量/（10^4 kg·a^{-1}）	价值量/（万元·a^{-1}）	物质量/（10^4 kg·a^{-1}）	价值量/（万元·a^{-1}）	物质量/（10^4 kg·a^{-1}）	价值量/（万元·a^{-1}）	物质量/（10^4 kg·a^{-1}）	价值量/（万元·a^{-1}）
松类	11.89	14.98	1.00	0.69	0.61	0.76	13.50	16.43
杉类	79.32	99.94	6.64	4.58	4.05	5.10	90.01	109.62
硬阔类	253.78	319.77	28.20	19.46	17.18	21.64	299.16	360.87
软阔类	44.74	56.37	4.97	3.43	3.03	3.82	52.74	63.62
针叶混交林	4.99	6.28	0.23	0.16	0.14	0.17	5.36	6.61
阔叶混交林	151.01	190.27	16.78	11.58	10.22	12.88	178.01	214.73
针阔混交林	68.81	86.71	4.46	3.07	2.71	3.42	75.98	93.20
合计	614.54	774.32	62.27	42.97	37.93	47.79	714.74	865.08

（3）降低噪声

2013年，上海城市森林年降噪量相当于建设1 041.0 km公路隔声屏的效能，降低噪声年价值18 395.23万元；其中，乔木林降噪年价值为13 542.53万元，占73.62%；竹林降噪年价值为573.59万元，占3.12%；经济林降噪年价值为490.31万元，占2.67%；灌木林降噪年价值为3 788.80万元，占20.60%（表7-19）。

城市森林单位面积（1 hm^2）年降低噪声产生价值2 014.28元。

表7-19　上海市不同类型城市森林降低噪声价值量　　单位：万元·a^{-1}

森林类型	降低噪声价值量
乔木林	13 542.53
竹林	573.59
经济林	490.31
灌木林	3 788.80
合计	18 395.23

乔木林降噪服务按龄组结构分，产生的价值量见表7-20。其中，幼龄林降噪服务价值量最高，占乔木林总价值量的74.0%；其次为中龄林，占比为18.3%。

表7-20　上海市乔木林各龄组降低噪声价值量　　单位：万元·a^{-1}

龄组	降低噪声价值量	龄组	降低噪声价值量
幼龄林	10 016.63	成熟林	397.33
中龄林	2 484.33	过熟林	25.15
近熟林	619.09	合计	13 542.53

乔木林降噪服务按树种类型分，产生的价值量见表7-21。乔木林降噪价值最高的依然为硬阔类，占比为36.4%；阔叶混交林降噪价值也较高，占比为34.1%。

表7-21　上海市乔木林不同优势树种（组）降低噪声价值量　　单位：万元·a^{-1}

优势树种（组）	降低噪声价值量	优势树种（组）	降低噪声价值量
松类	259.62	针叶混交林	46.88
杉类	1 589.00	阔叶混交林	4 615.16
硬阔类	4 923.62	针阔混交林	1 406.71
软阔类	701.54	合计	13 542.53

（4）滞尘

2013年，上海城市森林年滞纳粉尘量为108.19×10^4 t，其中乔木林为85.71×10^4 t，占79.22%；竹林为2.52×10^4 t，占2.33%；经济林为3.03×10^4 t，占2.80%；灌木林为16.93×10^4 t，占15.65%。森林年滞尘价值为16 228.93万元。

上海城市森林单位面积（1 hm^2）年滞尘11.85 t，单位面积（1 hm^2）年滞尘产生价值1 777.07元。

不同类型城市森林的滞尘服务物质量与价值量见表7-22。

表7-22　上海市不同类型城市森林滞尘物质量与价值量

森林类型	滞尘物质量/（10^4 t·a^{-1}）	滞尘价值量/（万元·a^{-1}）
乔木林	85.71	12 856.27
竹林	2.52	379.41

（续表）

森林类型	滞尘物质量/（10^4 t·a^{-1}）	滞尘价值量/（万元·a^{-1}）
经济林	3.03	454.06
灌木林	16.93	2 539.19
合计	108.19	16 228.93

乔木林滞尘服务按龄组结构分，产生的物质量与价值量见表7-23。幼龄林滞尘服务价值量最高，占乔木林总价值量的69.2%；其次为中龄林，占比为20.3%。

表7-23　上海市乔木林各龄组滞尘物质量与价值量

龄组	滞尘物质量/（10^4 t·a^{-1}）	滞尘价值量/（万元·a^{-1}）	龄组	滞尘物质量/（10^4 t·a^{-1}）	滞尘价值量/（万元·a^{-1}）
幼龄林	59.32	8 897.31	成熟林	3.93	590.01
中龄林	17.38	2 606.90	过熟林	0.16	24.64
近熟林	4.92	737.41	合计	85.71	12 856.27

乔木林滞尘服务按树种类型分，产生的物质量与价值量见表7-24。硬阔类是滞尘能力和价值最高的树种类型，其年价值量为4 341.39万元，占所有乔木林滞尘总价值的33.8%；值得注意的是，杉类的滞尘价值也不容忽视，其在乔木林滞尘总价值中的占比达23.8%；滞尘年价值量最低为针叶混交林，仅为115.32万元。

表7-24　上海市乔木林不同优势树种（组）滞尘物质量与价值量

优势树种（组）	滞尘物质量/（10^4 t·a^{-1}）	滞尘价值量/（万元·a^{-1}）	优势树种（组）	滞尘物质量/（10^4 t·a^{-1}）	滞尘价值量/（万元·a^{-1}）
松类	3.48	522.42	针叶混交林	0.78	115.32
杉类	20.39	3 058.29	阔叶混交林	17.22	2 583.19
硬阔类	28.94	4 341.39	针阔混交林	9.80	1 470.30
软阔类	5.10	765.36	合计	85.71	12 856.27

7.1.2.6　森林防护

据估算，2013年上海全市具有防护功能的沿海防护林、通道林、农田防护林等森林的森林防护物质量合计

为 2.31×10^4 t，价值量为9 703.05万元。

单位面积（1 hm^2）年森林防护物质量0.88 t，单位面积（1 hm^2）年防护产生价值3 711.04元。

7.1.2.7　生物多样性保护

经计算，2013年上海城市森林的生物多样性保育价值量为114 660.22万元，其中，乔木林的生物多样性保育价值量为77 256.70万元，灌木林的生物多样性保育价值量为34 241.74万元，竹林的生物多样性保育价值量为3 161.78万元（表7–25）。

在乔木林中，保育价值量最高的优势树种类型为硬阔类（28 627.70万元），占乔木林保育总价值的37.1%；其次为阔叶混交林（17 033.89万元），占比为22.0%；占比最小的为针叶混交林，其保育价值仅为462.71万元。

2013年上海城市森林的单位面积（1 hm^2）年生物多样性保育价值量为12 555.30元。

表7–25　上海市不同类型城市森林生物多样性保育价值量　　单位：万元·a^{-1}

森林类型		生物多样性保育价值量
乔木林	松类	505.49
	杉类	13 488.98
	硬阔类	28 627.70
	软阔类	5 046.91
	针叶混交林	462.71
	阔叶混交林	17 033.89
	针阔混交林	4 523.30
	乔木经济林	7 567.72
	合计	77 256.70
灌木林	特殊灌木林	26 163.74
	其他	8 078.00
	合计	34 241.74
竹林	毛竹	78.53
	杂竹	3 083.25
	合计	3 161.78
所有森林类型合计		114 660.22

7.1.2.8　森林游憩

2013年，上海各大森林公园和公园绿地的森林游憩价值量为347 556.29万元，其中20个收费公园的森林游憩价值量为52 883.08万元，非收费公园森林游憩价值量为294 643.21万元（表7–26）。

表7–26　2013年上海市各公园森林游憩的价值量

序号	公园名称	区位	面积/hm²	全年门票总收入/万元
1	东平国家森林公园	崇明	3.55	2 240.00
2	海湾国家森林公园	奉贤	1 065.00	150.00
3	共青国家森林公园	杨浦	124.74	3 347.13
4	上海动物园	长宁	74.59	10 608.08
5	上海植物园	徐汇	81.86	5 116.32
6	古猗园	嘉定	10.27	2 470.87
7	上海滨江森林公园	浦东	114.25	1 059.07
8	上海辰山植物园	松江	207.00	5 514.82
9	桂林公园	徐汇	3.55	68.08
10	大宁灵石	闸北	58.46	601.68
11	炮台湾湿地公园	宝山	58.83	1 662.81
12	顾村公园	宝山	180.00	2 372.54
13	汇龙潭公园	嘉定	4.84	64.54
14	秋霞圃	嘉定	3.16	83.83
15	世纪公园	浦东	140.30	1 558.40
16	上海野生动物园	浦东	153.41	12 669.06
17	上海醉白池公园	松江	5.13	765.84
18	上海方塔园	松江	11.57	724.73
19	上海曲水园	青浦	3.08	331.40
20	上海大观园	青浦	136.48	1 473.88
21	其他非收费公园	全市		294 643.21
合计				347 556.29

7.2 服务价值动态分析与比较

自国家林业局发布了林业行业标准《森林生态系统服务功能评估规范》（LY/T 1721—2008）以来，全国各省市越来越重视森林的多重生态系统服务价值及其对社会经济可持续发展的重要作用。为系统全面了解上海城市森林资源的价值情况，上海市林业局先后多次组织开展全市域尺度上海城市森林的生态系统服务价值评估。其中，首次评估年份为2009年①。第二次系统评估的年份为2013年，且该次评估结果于2014年7月首次向全社会公开发布②。之后，上海城市森林生态系统服务价值的年度评估被作为一项长期性工作持续开展③。为客观反映上海城市森林生态系统服务价值评估结果动态变化，作者分别选取2009年、2013年和2016年3个年份，分析和比较了上海城市森林生态系统服务价值的演变，以期为今后上海城市森林的规划、建设和管理提供客观的科学数据。

7.2.1 城市森林资源变动情况

由图7–2所示，上海全市的林业用地面积由2009年的77 300 hm^2增长到2013年的100 932 hm^2，总增长率为30.6%，年均增长率为7.6%。此后，2013—2016年，林地面积增长到111 275 hm^2，增长率为10.3%，年均增长率为3.4%。2013—2016年期间年均增长率低于2009—2013年期间。

总体来看，2009—2016年，上海市域范围内乔木林面积持续增加，竹林和疏林地则逐年缓幅下降。乔木林地面积由2009年的64 600 hm^2增长到2016年的84 494 hm^2，其中，2009—2013年净增长2 402 hm^2，2013—2016年净增长17 492 hm^2。灌木林地面积由2009年的2 400 hm^2增长到2016年的19 293 hm^2，其中，2009—2013年期间增长18 760 hm^2，而在2013—2016年期间减少1 867 hm^2。竹林地面积由2009年的3 500 hm^2减少到2016年的2 919 hm^2，期间均呈减少趋势。未成林造林地面积由2009年的1 800 hm^2增长到2016年的3 935 hm^2，其中，2009—2013年期间增长7 074 hm^2，而2013—2016年期间减少4 939 hm^2。疏林地面积由

---

① 2009年度评估由国家林业局华东林业调查规划设计院完成。

② 2013年度评估由原上海市园林科学所（现上海市园林科学规划研究院）完成并由上海市绿化和市容管理局（上海市林业局）向社会公开发布，网址为http：//sh.people.com.cn/n/2014/0724/c176737-21766739.html。

③ 韩玉洁，等：《上海市森林生态连清与生态系统服务研究》，中国林业出版社，2018。

2009年的0 hm²增加到2016年的553hm²，其中，2009—2013年期间增长645 hm²，而2013—2016年期间减少92 hm²。苗圃地面积由2009年的4 200 hm²减少到2016年的46 hm²，其中，2009—2013年期间减少4 162 hm²，而2013—2016年期间增长7 hm²。迹地面积由2009年的600 hm²减少到2016年的19 hm²，其中，2009—2013年期间减少549 hm²，而2013—2016年期间减少32 hm²（表7–27）。

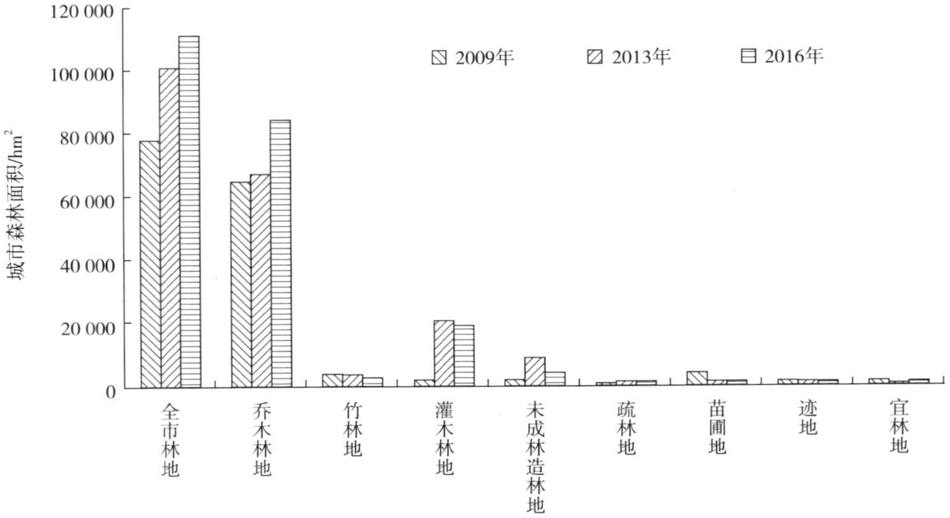

图7–2 2009年、2013年、2016年上海市林业用地面积变化

表7–27 2009—2016年上海市森林资源动态变化

单位：hm²

年度	乔木林地面积	竹林地面积	灌木林地面积	未成林造林地面积	疏林地面积	苗圃地面积	迹地面积	宜林地面积
2009年	64 600	3 500	2 400	1 800	0	4 200	600	200
2013年	67 002	3 162	21 160	8 874	645	38	51	0
2016年	84 494	2 919	19 293	3 935	553	46	19	17
2009—2013年净增量	2 403	−338	18 760	7 074	645	−4 162	−549	−200
2013—2016年净增量	17 492	−243	−1 867	−4 939	−92	7	−32	17

7.2.2 生态系统服务价值动态分析

7.2.2.1 总价值的动态变化

自2009年上海市林业局开展第一次评估以来，上海城市森林生态系统服务价值呈现逐年增加的趋势。

2009—2016年，价值总量增加了69.0%（51.38亿元），平均每年增加7.34亿元。其中，2009—2013年，生态系统服务价值增加了35.9%（41.77亿元），平均每年增加10.44亿元；2013—2016年增加了8.3%（9.61亿元），平均每年增加3.20亿元。可以看出，以高大乔木为主体的城市森林面积不断增加、结构不断优化，其所发挥的生态系统服务功能对城市生态环境的改善作用越来越大。

2009—2016年，上海城市森林单位面积生态系统服务价值也逐渐提高，从2009年的8.15万元·hm^{-2}·a^{-1}，增加到2013年的12.72万元·hm^{-2}·a^{-1}，城市森林质量稳步提升；2013—2016年增幅较缓，仅增加0.03万元·hm^{-2}·a^{-1}（图7–3），这可能是由于这段时间内新造的幼龄林面积较多，单位面积蓄积量低，其生态系统服务价值相对有限，需要更长的时间才能体现。从另一个侧面说明，上海在城市森林营建中，不仅强调造林绿化面积，还要提质增效、加强森林经营，保障城市森林持续为改善上海大都市生态环境发挥作用。

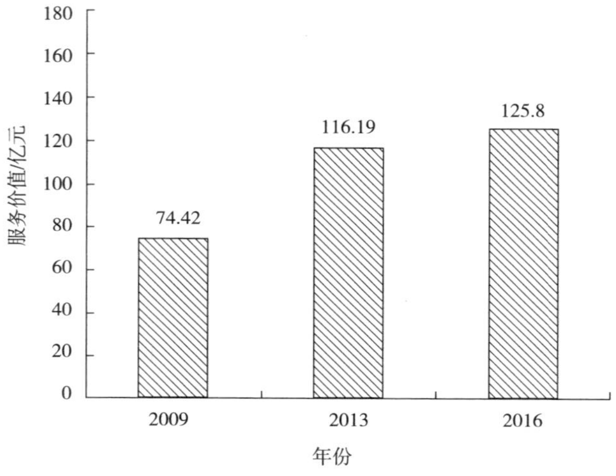

（a）生态系统服务价值

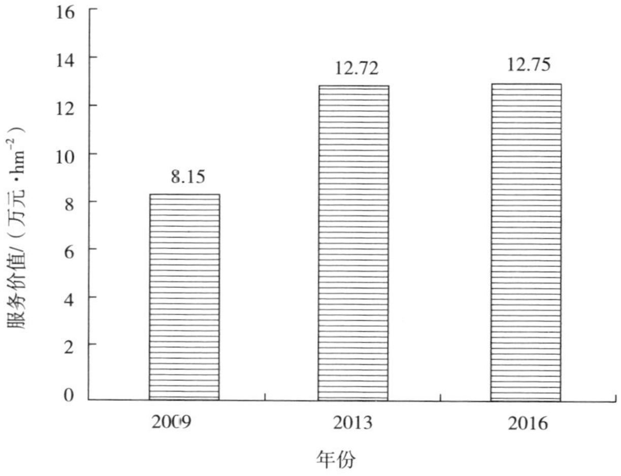

（b）单位面积生态系统服务价值

图7–3　2009—2016年上海城市森林生态系统服务价值动态变化

7.2.2.2　不同指标的动态变化

2009年、2013年和2016年上海城市森林生态系统服务价值的评估依据都是基于森林资源动态更新数据，所采用的方法和指标体系都以国家林业局《森林生态系统服务功能评估规范》（LY/T 1721—2008）行业标准为参考。然后，由于森林生态系统服务评价本身也处于探索阶段，且超大城市森林的生态系统服务评价并无先例可以借鉴，因此前后三期评估在部分生态系统服务指标物物量计算选用的方法、参数以及价值量计算时采用的相关社会公共参数有所不同，致使得到的各年度评估结果在不同服务指标的物质量和价值量构成中，表现出一定的差异。

（1）物质量的动态变化

除固碳释氧、积累营养物质两项服务以外，2009年、2013年和2016年城市森林生态系统服务评估中物质量的计算公式基本相同。与2009年度评估相比，2013年度评估中上海城市森林年涵养水源量增加了292.15×10^4 t，固土量减少了319.78×10^4 t，保肥量减少了5.07×10^4 t，吸收污染物量减少了292.15×10^4 t，提供负氧离子个数增加了0.21×10^{23}个，滞尘量减少了51.55×10^4 t，森林防护物质量降低了2.18×10^4 t。

随着城市森林生态环境监测技术的进步和本地化参数实测可行性的提高，2016年度评估在计算城市森林生态系统服务物质量时采用了更多的本地化实测参数。与2013年度评估相比，2016年度评估中上海城市森林年涵养水源量降低了$11\,169.61\times10^4$ t，固土量增加了60.63×10^4 t，保肥量减少了6.61×10^4 t，吸收污染物量增加了194.99×10^4 t，提供负氧离子个数增加了11.3倍，滞尘量减少了107.5×10^4 t，森林防护物质量降低了2.05×10^4 t。其中实测负氧离子浓度、林分滞尘量和单位面积农田防护林防护面积等物质量计算参数均有较大变动。

与2009年、2016年评估相比，2013年城市森林的固碳释氧和积累营养物质两项指标的物质量相对较低，主要是由于2013年固碳释氧的评估是基于前期（2009年）森林资源清查的蓄积量增长率和消耗率，采用蓄积量转化法计算森林净生产力得到的，与2009年和2016年直接采用单位面积林分净生产力评估的方法有所不同。客观地看，2013年采用的方法能够更好地利用上海本地森林资源连续清查中优势树种蓄积量的生长变化数据，但也存在数据时效性不强（5年更新1次）、低估森林生产力等问题，需要进一步探讨和改进。积累营养物质指标与蓄积量直接相关，与固碳释氧指标变化类似。

（2）价值量的动态变化

2009年、2013年和2016年3期生态系统服务价值总量呈现逐年增加的趋势，但在价值量计算时，对社会公共参数的选择存在诸多不同之处。与2009年评估相比，2013年森林涵养水源、保育土壤、森林防护、生物多样性保护和森林旅游5项价值明显增加，提升最显著的是森林游憩（33.92亿元$\cdot a^{-1}$）和涵养水源（34.24亿元$\cdot a^{-1}$）。2009年，森林游憩价值的评估仅统计了东平、佘山、海湾和共青4个国家森林公园的旅游业收入；2013年，评估范围扩展到全市20个收费的主要公园和其他非收费公园。2009年，调节水量的价值量计算采用了《森林生态系统服务功能评估规范》（LY/T 1721—2008）中的推荐值6.11元$\cdot t^{-1}$，2013年调节水量的单位价值采用了上海青草沙水源地原水工程中的水库建设成本（15元$\cdot t^{-1}$）。另外，2013年上海城市森林净化大气价值比2009年显著减少（79.93%），主要是由于提供负氧离子价值的大幅度降低、相关价值量计算的社会公共参数变动较大。另外，2013年评估还对城市森林降低噪声的价值量进行了核算，2009年并未涉及。

与2013年评估相比，2016年评估上海城市森林净化大气和保育土壤两项服务价值的增加比较显著，分别增加了24.82亿元$\cdot a^{-1}$和0.67亿元$\cdot a^{-1}$。涵养水源、森林游憩和森林防护的价值下降较为明显，分别降低了

36.42亿元 · a^{-1}（2013年和2016年调节水量单位价值不同）、2.01亿元 · a^{-1}（2016年公园旅游人数略有下降）和0.86亿元 · a^{-1}（防护林防护农田谷物产量和价值的变化），而生物多样性保护价值变化不大，降低约200万元。

同样的，与2009年、2016年度评估相比，2013年度评估固碳释氧和积累营养物质的价值量也相对较低，除了2013年度森林植被生产力计算公式与另外两个年度的评估有所差异以外，固定二氧化碳和释放氧气价值的选择也会对固碳释氧价值量的计算产生较大影响。如2013年度城市森林固碳价值的计算采用当年上海市环境能源交易所碳排放权交易平台配额平均成交价33元 · t^{-1}，比国家规范中推荐的瑞典的碳税率（1 200元 · t^{-1}）小很多。

从生态系统服务的重要性来看，2009年，上海城市森林涵养水源（31.9%）、固碳释氧（23.0%）和净化大气（24.0%）3项服务发挥的价值作用较大，占总价值的78.9%。2013年，涵养水源（49.9%）、生物多样性保护（9.9%）和森林游憩（29.9%）3项服务的价值则相对较大，占总价值的89.69%。2016年，各项生态系统服务发挥的价值较为均衡，涵养水源（17.14%）、固碳释氧（20.24%）、净化大气（22.03%）、生物多样性保护（9.10%）和森林游憩（26.03%）发挥的价值占总价值的94.55%。总体而言，2009—2016年，涵养水源、固碳释氧、净化大气和森林游憩的价值始终较为突出，是上海城市森林的最主要生态系统服务类型；而保育土壤（3.25%～4.77%）、累积营养物质（0.49%～2.18%）和森林防护（0.09%～1.22%）3项的生态系统服务价值始终较低，对上海城市森林生态系统服务总价值的贡献相对较小（表7–28）。

7.3 上海市与其他城市评估结果的对比

7.3.1 服务价值总量的对比

近年来，为客观评估城市林业发展水平，提升城市森林的生态功能，国内外有很多城市先后评估了城市森林的生态系统服务价值。评估指标涉及范围包括涵养水源、森林游憩、净化大气环境、缓解热岛效应、降低建筑物碳排放、固碳释氧、调节气候、生物多样性保护、保育土壤、林木积累营养物质、森林防护等。以2013年度上海城市森林生态系统服务价值评估结果为例，与国内外其他城市在相近年份开展的类似评估结果进行对比（表7–29）。

表7-28 2009—2016年上海城市森林生态系统服务价值动态变化

		物质量			价值量/（万元·a^{-1}）			价值比例/%			单位面积价值量/（元·hm^{-2}·a^{-1}）		
		2009年	2013年	2016年	2009年	2013年	2016年	2009年	2013年	2016年	2009年	2013年	2016年
总服务价值					744 187.39	1 161 893.51	1 258 036.96	100.00	100.00	100.00	76 907.70	127 227.40	127 477.48
涵养水源	调节水量	29 299.84 ×10^4 t·a^{-1}	31 427.16 ×10^4 t·a^{-1}	20 257.55 ×10^4 t·a^{-1}	176 151.41	471 407.38	215 589.88	23.7	40.57	17.14	18 204.29	51 619.15	21 845.82
	净化水质				61 236.69	108 423.70		8.2	9.33		6 328.48	11 872.40	
保育土壤	固土	297.10×10^4 t·a^{-1}	277.32×10^4 t·a^{-1}	337.95×10^4 t·a^{-1}	3 595.23	7 080.79	44 423.60	0.5	0.61	3.53	371.55	775.35	4 501.40
	保肥	16.99×10^4 t·a^{-1}	11.92×10^4 t·a^{-1}	5.31×10^4 t·a^{-1}	31 903.20	30 636.95		4.3	2.64		3 297.02	3 354.75	
固碳释氧	吸收二氧化碳	45.57×10^4 t·a^{-1}	40.46×10^4 t·a^{-1}	217.87×10^4 t·a^{-1}	60 814.07	1 335.29	254 664.35	8.2	0.11	20.24	6 284.80	199.29	25 805.26
	释放氧气	110.5×10^4 t·a^{-1}	29.54×10^4 t·a^{-1}	143.7×10^4 t·a^{-1}	110 500.00	29 540.68		14.8	2.54		11 419.57	4 408.89	
营养积累	积累营养物质	1.71×10^4 t·a^{-1}	0.48×10^4 t·a^{-1}	2.18×10^4 t·a^{-1}	16 226.74	5 666.73	23 096.76	2.2	0.49	1.84	1 676.95	845.75	2 340.41
净化大气	提供负离子	3.74×10^{23} 个·a^{-1}	3.95×10^{23} 个·a^{-1}	4.48×10^{24} 个·a^{-1}	177 369.88	114.71	2 481.30	23.8	0.01	22.03	18 330.21	12.56	251.43
	吸收二氧化硫	1 231.20 ×10^4 kg·a^{-1}	814.72×10^4 kg·a^{-1}	977.20×10^4 kg·a^{-1}	1 378.33	1 026.55	4 023.16	0.20	0.09	0.09	142.44	112.41	407.67
	吸收氟化物		69.53×10^4 kg·a^{-1}	90.13×10^4 kg·a^{-1}		47.97	64.01		0.00			5.25	6.49
	吸收氮氧化物		54.8×10^4 kg·a^{-1}	66.71×10^4 kg·a^{-1}		69.04	274.70		0.01			7.56	27.84
	降低噪声					18 395.23			1.58			2 014.28	
	滞尘	159.74×10^4 t·a^{-1}	108.19×10^4 t·a^{-1}	0.69×10^4 t·a^{-1}	23.96	16 228.93	277 200.00	0.00	1.40		2.48	1 777.07	28 088.81
森林防护		4.49×10^4 t·a^{-1}	2.31×10^4 t·a^{-1}	0.26×10^4 t·a^{-1}	9 059.80	9 703.05	1 148.30	1.20	0.84	0.09	936.28	3 711.04	116.36
生物多样性保护					87 614.08	114 660.22	114 457.37	11.8	9.87	9.10	9 054.44	12 555.30	11 598.02
森林游憩					8 314.00	347 556.29	327 407.63	1.10	29.91	26.03	859.21	38 049.02	33 176.37

表7-29　上海市与国内外同类城市森林生态系统服务评估结果的比较

城市名称	评估时间	森林总面积/hm²	树木总数/棵	森林覆盖率/%	评价指标	生态系统服务总价值/亿元人民币	单位面积生态系统服务总价值/（万元·hm⁻²）	数据（资料）来源
北京市	2015年	744 956		41.60	《森林生态系统服务功能评估规范》：涵养水源、保育土壤、固碳释氧、营养积累、净化大气环境、生物多样性保护、森林游憩、森林防护	6 938.00	93.13	北京市园林绿化局
重庆市	2015年	3 740 700		45.40		2 587.00	6.92	《2015年重庆市生态文明建设林业公报》
杭州市	2015年	1 096 230		65.20		2 284.70	20.84	《2015年杭州市环境状况公报》
广州市	2008年	281 047		37.80		230.60	8.20	潘勇军 等，2013
	2011年	279 687		37.60		216.40	7.74	
池州市	2009年	477 442		57.72		443.30	8.33	张乐勤 等，2011
苏州市	2016年	124 567		29.69	涵养水源、固土保肥、固碳释氧、积累营养、净化大气、调节温度、森林游憩、生物多样性保护、森林保护	104.00	8.35	《2016年苏州林业年报》
上海市	2013年	83 246		13.13	涵养水源、保育土壤、固碳释氧、营养积累、净化大气环境、生物多样性保护、森林游憩、森林防护	116.19	12.72	上海市绿化和市容管理局（上海市林业局）
纽约市	2007年		约5 200 000	20.90	i-Tree模型：污染清洁、碳固定、建筑能源消耗降低、减少碳排放	1.61（美元兑人民币汇率按7计）		*Assessing urban forest effects and values, New York City's urban forest*
多伦多市	2009年		约10 220 000	26.60		1.43（加元兑人民币汇率按5.1计）		*Assessing urban forest effects and values: toronto's urban forest*
伦敦市	2015年		约8 420 000	14.00		11.54（英镑兑人民币汇率按8.7计）		*Valuing London's urban forest: results of the London i-Tree eco project*

国内的相关城市在进行城市森林生态系统服务价值评估时，还没有形成统一的、针对城市森林生态系统服务的评估体系，不同城市核算森林生态系统服务价值的方法不尽相同，这会导致计算出来的结果有差异。大多现有评估主要参考《森林生态系统服务功能评估规范》（LY/T 1721—2008），少数城市根据地方城市森林资源的特点与服务功能需求，对指标体系和计算公式进行了微调，采用的地方参数也存在些许差异，但在服务价值总量和单位面积量上仍具有一定的可比性。

与国内其他城市相比，2013年上海城市森林生态系统服务总价值处于中等偏低的位置，高于苏州市，但与北京、重庆和杭州等森林覆盖较高的城市还存在较大差距。另外，上海市99.99%的森林为平原人工林，续林分结构较为简单，且多数为中幼龄林，生态系统服务功能有待进一步发挥。上海作为超大城市，人口高度密集、资源环境压力巨大，单位面积森林生态服务的人口数量在全国处于相对较高的位置，对于改善城市高密区生态环境状况和人居生活水平具有不可替代的重要价值。

国外的城市森林评估大多基于城市树木生态效益评估模型开展，如UFORE和i-Tree。其中，i-Tree Eco是目前北美和欧洲地区最常用的评估城市尺度上森林生态系统服务的方法，其评估的年度服务价值内容包括污染物拦截、碳吸收以及由于树木的降温效益所避免的碳排放，以调节服务为主。与伦敦、纽约、多伦多这些大城市相比，上海城市森林的调节服务相对比较可观。另外，这些模型还可以计算城市森林现存的树木资产价值和景观价值，这些价值并没有以年度服务增量的形式体现，这客观上导致了利用i-Tree模型计算的年度生态系统服务价值的数量级要低于国内利用综合评估法的评估结果。

7.3.2　单位面积服务价值的对比

将2013年上海城市森林生态系统服务单位面积的平均价值与其他地方相近年份进行对比，上海单位面积平均价值为12.7万元 $\cdot hm^{-2}$，低于北京市2015年度的93.13万元 $\cdot hm^{-2}$、浙江省杭州市2015年度的20.84万元 $\cdot hm^{-2}$、广东省鹤山市2009年的16.07万元 $\cdot hm^{-2}$、湖南省永州市2014年度的13.73万元 $\cdot hm^{-2}$等，高于安徽省池州市2009年度的8.21万元 $\cdot hm^{-2}$、江苏省苏州市2016年度的8.35万元 $\cdot hm^{-2}$、广东省广州市2011年度的7.74万元 $\cdot hm^{-2}$等，可以得出2013年度上海城市森林生态系统服务的单位面积平均价值在全国大中型城市中属于中等水平。

尽管上海平均每公顷城市森林提供的价值在国内城市中为中等，然而，上海年均每人享受森林生态系统服务价值仅有500余元，在国内城市中处于较低的水平。这说明上海城市森林的生态系统服务总价值现状与其作为超大城市的人口规模是不相匹配的，在人均享受的森林生态系统价值方面仍存在较大的提升空间。

7.4 评估成果应用导向

7.4.1　支撑城市生态文明建设

开展上海城市森林的生态系统服务价值评估，可以全面反映城市森林在上海生态文明建设中的地位和作用，切实提高市民对城市森林生态功能及其价值的认识，同时为管理部门更好地开展森林城市建设提供科学依据。另外，构建完善的城市森林生态系统服务体系，能够定量反映城市森林生态资产价值，有助于开展城市森林资源资产评价，对完善领导干部自然资源资产离任审计具有重要意义。同时，营造景色宜人、环境优美、生态功能齐全、稳定健康的城市森林生态系统，对于建设上海“生态之城”和“美丽街区”“美丽家园”，促进社会经济可持续发展具有重要意义。

7.4.2 优化城市森林群落结构

通过森林生态系统服务价值评估，可为区域森林结构的优化配置提供参考，如：在上海市的金山石化区，可选择滞尘能力强、吸收污染物能力强的植物，并以乔灌草等不同生活型植物进行合理配置，既提高了叶面积水平，增强了植物净化空气能力，又形成不同的景观结构，产生了良好的环境效益；在城市中心热岛区，可配置高大乔木为主的森林群落，形成遮阴结构，同时以草坪等低矮群落结构形成风道，加强空气的对流，减缓热岛效应，提高中心城区环境质量。通过群落结构的优化，促进城市森林生态系统各组分的物质循环、能量流动和信息传递的生态平衡，有效地保护生物多样性，提高生态系统服务水平。

7.4.3 增强城市森林生态质量

提高城市森林的林地建设标准，增加养护经费，加大对城市林业生态建设投入，进一步优化城市森林的群落结构，提高资产价值高，提高服务功能好的树种和混交林的比例；提升中龄林、成熟林所占比例；加强林地基础设施建设和森林抚育经营，积极推进低效林改造，提高城市森林经营水平，增强城市森林质量，提升单位面积服务价值。生态质量突出、景观效果明显的城市森林不仅可以带动相关行业的发展，还能为社会经济的发展创造良好的环境条件，从而产生显著的间接经济效益。

7.4.4 完善城市森林管理制度

目前，林业生态补偿缺乏规范的制度，只按森林面积作为补偿基准进行，不涉及森林树种、质量、价值等，存在盲目性。生态系统服务价值评估研究建立了完善的指标体系和评估方法，对不同林业地类、不同森林龄组、不同群落类型进行生态系统服务价值评估，可为生态补偿提供参考标准，逐步建立生态补偿指标体系，完善生态补偿制度。同时，客观、科学地评估一个城市森林生态系统服务价值，还能促进该地区建立和实施绿色GDP核算，实现社会经济的可持续发展。

7.5 不足与展望

7.5.1 存在不足

与一般森林相比，城市森林作为城市复合生态系统的重要组分，其生态系统服务评估有独特之处，涉及生态学、经济学等多学科内容，生态系统的格局、过程、机制及相互关系更为复杂，城市森林生态系统服务评估的指标体系有待进一步完善。

城市森林作为绿色基础设施在城市建设中发挥着特殊作用，其评估指标和评估方法需要进一步完善。应考虑城市特色，指标选取应体现居民直观感受，如降温、遮阴、舒适度、美学等；评估方法不应简单照搬评估自然林的方法，如涵养水源价值在城市中可选用排水管网的建设费用进行替代等。另外，森林在城市中的社会价值也可纳入，如提升房产价值、促进就业等，以提高评估结果的准确性。同时，由于数据及评估方法的限制，有些指标计算不够全面，如森林的降温保湿作用对城市热岛效应的减缓有着巨大的贡献，沿海防护林对海岸带的消浪护堤、对城市应对台风等气候灾害的消灾减灾等作用也未计算在内。

目前，国外利用计算机和3S 技术已经发展了许多城市森林生态效益评估模型，如Citygreen、i-Tree模型系列、UFORE 等（American Forests，1999；Nowak et al.，2000；李兴兴，2012），但这些模型都是基于当地的气候条件和树种而设计的，指标有限。针对国内城市，需研发本土化的城市树木或城市森林生态系统评估和动态预测模型，开展城市森林生态系统服务的精细化、定制化、科学化动态评估和分析，从而更好地指导城市森林资源管理实践。

7.5.2 未来展望

7.5.2.1 制定城市森林生态系统服务价值评估地方标准

结合上海特大城市、平原人工造林的特点，进一步完善森林生态系统服务功能评估内容，增加反映上海森林特点的评估指标和方法，形成固化的上海城市森林生态系统服务价值评估的地方标准以及本地化、精确化的生态、社会和经济参数体系。该标准可用于定量评估上海现存城市绿林地资源在固碳释氧、提供负离子、滞尘、吸收污染物、降噪等方面的服务功能，同时可用于预测和分析不同规划建设情景下城市森林生态系统服务的时空动态。

7.5.2.2 建立城市森林生态环境大数据监测和分析平台

进一步开展城市森林生态环境指标的定位观测、数据整合和分析的配套技术研究，探索建立基于物联网、云计算、大数据分析的上海城市森林生态系统服务实时监测与可视化平台，使城市绿化建设和管理者实时掌握绿地林地资源生态系统服务动态，为年度化、精细化、可视化的年度城市森林生态系统服务价值评估提供技术依托和数据支撑。

7.5.2.3 启动上海市“三地”生态系统服务评估

逐步启动上海“绿地、林地、湿地”及典型区域的年度生态系统服务价值评估工作，形成覆盖“三地”、突出重点、包含本市主要生态空间资源的数量、质量和生态系统服务价值的年度评估报告，全面、动态地反映上海绿化林业行业的工作成效，并向社会定期发布评估结果，从而提高市民的生态环境保护意识。

7.5.2.4 优化森林结构，提高森林质量和服务价值

据全国第九次森林资源清查数据（2014年），上海市乔木林单位面积蓄积量为62.15 $m^3 \cdot hm^{-2}$，低于全国乔木林单位面积蓄积量85.9 $m^3 \cdot hm^{-2}$，更低于世界平均水平110 $m^3 \cdot hm^{-2}$。另外，上海市纯林所占比例80%以上，不利于城市森林的稳定发展。建议进一步改善森林结构，加强林地基础设施建设和森林抚育经营，积极推进低效林改造，提高森林质量和效益，为上海城市森林的可持续发展提供保障。

7.5.2.5 加强科学规划和相关制度建设

以应对城市重大生态风险、保障区域生态安全为抓手，深入贯彻落实国家和上海市对城市森林建设和发展的布局和要求，着眼生态宜居城市建设，大力加强生态环境建设管理，科学规划上海城市森林的总体空间布局、主导服务功能、树种组成结构等，实现城市森林生态系统格局、结构和功能的协调一致。同时在城市森林管理运营的制度层面加强建设，引导林业管理部门和建设者理解城市森林的独特价值，为显著提升上海城市森林的生态品质和效益而不断努力。

7.5.2.6 推进上海城市森林复合生态网络构建

让森林走进城市，让城市拥抱森林，以自然为美，把好山好水好风光融入城市，充分发挥森林在改善上海城市宜居环境和城市现代风貌方面的独特作用，增加城市绿色元素，使城市森林、绿地、水系、河湖、耕地形成完整的生态网络。在城区内依托城市更新，建设城市绿廊，推进屋顶绿化，提升绿化建设水平；加强城市周边和城市群绿化，利用城市周边闲置土地、荒山荒坡、污染土地，开展植树造林，成片建设城市森林、湿地和永久性公共绿地，为城市戴上“绿色项链”。大力提高城市特别是建成区绿化覆盖率，提升森林景观，建设林水相依、林路相依、林居相依的城市森林复合生态系统，让城市再现绿水青山，为城市营造绿色安全的生产空间、健康宜居的生活空间、优美完备的生态空间。

参考文献

毕桂平，陈嫣，徐存福，等，2016. 城镇化大背景下的海绵城市建设与资源协调发展：以上海市海绵城市的建设途径为例［J］. 上海城市管理，25（1）：24-26.
毕晓丽，葛建平，2004. 基于IGBP土地覆盖模型的中国陆地生态系统服务价值评估［J］. 山地学报，22（1）：48-53.
曹世雄，刘玉洁，苏蔚，等，2018中国陆地生态系统服务净价值评估［J］. 中国科学：地球科学，48（3）：331-339.
陈德昌，张敬一，王青，等，2003. 生态经济学［M］. 上海：上海科学技术文献出版社.
陈高，代力民，范竹华，等，2002. 森林生态系统健康及其评估监测［J］. 应用生态学报，13（5）：605-610.
陈家瀛，2006. 城市森林小气候效应的研究［D］. 上海：华东师范大学.
陈莉，李佩武，李贵才，等，2009. 应用CITYgreen 模型评估深圳市绿地净化空气与固碳释氧效益［J］. 生态学报（1）：272-282.
陈仲新，张新时，2000. 中国生态系统效益的价值［J］. 科学通报，45（1）：17-22.
仇琪，2013. 北京市森林资源价值评价与方法研究［D］. 北京：北京林业大学.
戴君虎，王焕炯，王红丽，等，2012. 生态系统服务价值评估理论框架与生态补偿实践［J］. 地理科学进展，31（7）：963-969.
董洋洋，朱春燕，高畅，等，2011. 禹州市森林生态系统服务价值评估研究［J］. 中国农学通报，27（32）：186-191.
杜乐山，李俊生，刘高慧，等，2016. 生态系统与生物多样性经济学（TEEB）研究进展［J］. 生物多样性，2016，24（6）：686-693.
范海兰，洪伟，吴承福，2004. 福建省森林生态系统服务价值的变化［J］. 福建农林大学学报（自然科学出版社），33（3）：347-351.
范昕婷，郭雪艳，达良俊，等，2013. 上海市环城绿带生态系统服务价值评估［J］. 城市环境与城市生态，26（5）：1-5.
冯育青，陈月琴，陶隽超，2009. 苏州森林生态系统服务价值评估［J］. 华东森林经理，23（1）：37-43.
傅伯杰，2010. 我国生态系统研究的发展趋势与优先领域［J］. 地理研究，29（3）：383-396.
傅伯杰，于丹丹，吕楠，2017. 中国生物多样性与生态系统服务评估指标体系［J］. 生态学报，37（2）：341-348.
高琼，李月辉，肖笃宁，等，2008. 沈阳市域森林生态系统服务价值评估［J］. 东北林业大学学报，36（2）：69-72.
关文彬，王自力，陈建成，等，2002. 贡嘎山地区森林生态系统服务价值评估［J］，北京林业大学学报，24（4）：80-84.
国家林业局. 森林生态系统服务功能评估规范：LY/T 1721—2008［S］. 北京：中国标准出版社.
郭清和，2005. 广州市城市森林服务功能及价值研究［D］. 长沙：中南林业科技大学.
何浩，潘耀忠，朱文泉，等，2005. 中国陆地生态系统服务价值测量［J］. 应用生态学报，16（6）：1122-1127.
贺国平，周东，杨忠山，等，2005. 北京市平原区地下水资源开采现状及评价［J］. 水文地质工程地质（2）：45-48.
黄少卫，康文星，吴耀兴，等，2010. 城市森林对小气候的调节及其价值评估［J］. 中南林业科技大学学报，30（1）：90-94.
江泽慧，彭镇华，2001. 世界主要树种木材科学特征［M］. 北京：科学出版社.
康文星，郭清和，何介南，等，2008a. 广州城市森林涵养水源、固土保肥的功能及价值分析［J］. 林业科学，44（1）：19-25.
康文星，吴耀兴，何介南，等，2008b. 城市森林生态系统服务价值指标体系与评价方法［J］. 林业科学，44（12）：129-134.
赖敏，陈凤桂，2020. 基于机会成本法的海洋保护区生态保护补偿标准［J］. 生态学报（6）：1-9.
李海奎，雷渊才，2010. 中国森林植被生物量和碳储量评估［M］. 北京：中国林业出版社.
李金昌，姜文来，靳乐山，等，1999. 生态价值论［M］. 重庆：重庆大学出版社.

李静锐，张振明，罗凯，2007．森林生态系统健康评价指标体系的建立［J］．水土保持研究，14（3）：173-175．

李丽，王心源，骆磊，等，2018．生态系统服务价值评估方法综述［J］．生态学杂志，37（4）：1233-1245．

李琼，2005．广州市城市森林生态系统服务功能研究［D］．长沙：中南林业科技大学．

李兴兴，2012．基于i-Tree tools的城市小区森林结构和效益研究：以川农大都江堰校区为例［D］．成都：四川农业大学．

李忠魁，周冰冰，2001．北京市森林资源价值初报［J］．林业经济（2）：36-42．

梁山，姜志德，1987．生态经济学［M］．北京：中国农业出版社．

梁星权，1996．森林资源有偿使用的探讨［J］．中国林业（1）：27-28．

刘玉成，马俊杰，金学林，等，2005．生态系统服务功能价值评估方法综述［J］．中国人口·资源与环境，1：91-95．

刘殿芳，1999．城市森林初探［J］．内蒙古林学院学报（自然科学版），21（3）：65-68．

陆贵巧，2006．基于空间特征大连城市森林生态效益研究及动态计量评价［D］．北京：北京林业大学，106-109．

吕永龙，王尘辰，曹祥会，2018．城市化的生态风险及其管理［J］．生态学报（2）：359-370．

马传栋，1989．城市生态经济学［M］．北京：经济日报出版社．

马定国，舒晓波，刘影，等，2003．江西省森林生态系统服务功能价值评估［J］．江西科学，21（3）：211-216．

倪军，徐琼，等，2004．城市绿地空气负离子相关研究：以上海公园为例［J］．中国城市林业，2（3）：30-33．

欧阳志云，王如松，赵景柱，1999a．生态系统服务功能及其生态经济价值评价［J］．应用生态学报，10（5）：635-640．

欧阳志云，王效科，苗鸿，1999b．中国陆地生态系统服务功能及其生态经济价值的初步研究［J］．生态学报，19（5）：607-613．

潘勇军，陈步峰，王兵，等，2013．广州市森林生态系统服务功能评估［J］．中南林业科技大学学报，33（5）：73-78．

佩卿，1983．木材化学［M］．北京：中国林业出版社．

彭建，王仰麟，陈燕飞，等，2005．城市生态系统服务价值评估初探：以深圳市为例［J］．北京大学学报（自然科学版），41（4）：96-106．

沙琢，1990．城市林业及其发展概况［J］．国外林业（2）：1-3．

上海市绿化和市容管理局，2020．城市森林碳汇计量监测技术规程：DB 31/T 1234—2020［S］．北京：中国标准出版社．

沈满洪，2009．生态经济学的定义、范畴与规律［J］．生态经济（1）：42-47，182．

沈青叶，李晴，邹春静，等，2010．上海市崇明岛不同模式农田防护林对水稻产量的影响［J］．浙江林学院学报，27（2）：198-204．

宋建锋，顾圣华，杨二，等，2013．上海市土壤侵蚀模数的研究与确定［J］．中国水土保持，8：42-45．

宋永昌，2004．城市森林研究中的几个问题［J］．中国城市林业（1）：4-9．

宋兆民，陈建业，丁稳林，等，1982．上海市青浦县农田水网地区农田林网水热状况和水稻产量的研究：上海市青浦县农林结构生态效能结果分析［J］．中国农业气象（3）：35-39．

孙莹，曾伟，李峰，等，2013．北京市森林生态系统服务价值动态分析［J］．河北林业科技（2）：20-24．

汤振兴，叶云，2007．城市森林与城市绿地关系探析［J］．山东林业科技，1：90-91．

唐建荣，李建龙，刘茂松，等，2005．生态经济学［M］．北京：化学工业出版社．

田刚，蔡博峰，2004. 北京地区人工景观生态系统服务价值估算［J］. 环境科学，25（5）：5-9.
汪远，李惠茹，葛斌杰，等，2012. 上海维管植物研究综述［J］. 广西植物（6）：854-85.
王兵，2011a. 广东省森林生态系统服务功能评估［M］. 北京：中国林业出版社.
王兵，任晓旭，胡文，2011b. 中国森林生态系统服务功能及其价值评估［J］. 林业科学，47（2）：145-453.
王兵，郑秋红，郭浩，2008. 基于Shannon-Wiener指数的中国森林物种多样性保育价值评估方法［J］. 林业科学研究，21（2）：268-274.
王成，蔡春菊，陶康华，2004. 城市森林的概念、范围及其研究［J］. 世界林业研究，17（2）：23-27.
王莉，2009. 北京城市森林生态系统服务功能及价值评价［D］. 北京：北京林业大学：15-23.
王木林，缪荣兴，1997. 城市森林的成分及其类型［J］. 林业科学研究，10（5）：531-536.
王松沛，2003. 生态经济学［M］. 西安：陕西人民教育出版社.
王新军，敬东，张凤娥，2008. 上海市热岛效应与绿地系统建设研究［J］. 华中建筑，26（12）：113-117.
王玉亮，杨士弘，1997. 可持续发展的珠江三角洲土地资源研究［J］. 热带地理，17（3）：233-237.
王宗星，虞木奎，成向荣，等，2010. 上海市郊沿海防护林防护效应的研究［J］. 植物资源与环境学报，19（3）：85-88，96.
王祖华，蔡良良，关庆伟，等，2010. 淳安县森林生态系统服务价值评估［J］. 浙江林学院学报，27（5）：757-761.
吴景社，李勉，哈欢，2013. 上海市水土流失重点防治区划分研究［J］. 中国水土保持，9：11-18.
吴敏，2007. 广州市青山绿地：城市林带林区生态功能研究［D］. 长沙：中南林业科技大学.
吴耀兴，康文星，郭清和，等，2009. 广州市城市森林对大气污染物吸收净化的功能价值［J］. 林业科学，45（5）：42-48.
吴泽明，高健，吴文友，2002. 城市森林及其结构研究［M］. 北京：中国林业出版社.
谢高地，鲁春霞，成升魁，2001. 全球生态系统服务价值评估研究进展［J］. 资源科学，23（6）：5-9.
谢高地，鲁春霞，冷允法，等，2003. 青藏高原生态资产的价值评估［J］. 自然资源学报，18（2）：189-196.
谢高地，甄霖，鲁春霞，等，2008. 生态系统服务的供给、消费和价值化［J］. 资源科学（1）：93-99.
邢星，2006. 广州市城市森林生态效益评价［D］. 北京：北京林业大学.
徐中民，张志强，程国栋，2000. 当代生态经济的综合研究综述［J］. 地球科学进展，21（7）：1163-1170.
许涤新，1987. 生态经济学［M］. 杭州：浙江人民出版社.
严妍，万福绪，申斓，等，2014. 苏州城市森林生态环境监测及服务价值评估［J］. 安徽农业科学（18）：5847-5849.
尹球，祝善友，巩彩兰，2009. 城市白天地面亮温与下垫面类型关系的遥感分析：以上海为例［J］. 红外与毫米波学报，28（2）：133-136.
余新晓，秦永胜，陈丽华，等，2002. 北京山地森林生态系统服务功能及其价值初步研究［J］. 生态学报，22（5）：783-786.
虞依娜，彭少麟，2010. 生态系统服务价值评估的研究进展［J］. 生态环境学报，19（9）：2246-2252.
张彪，李云燕，2014. 北京市生态涵养发展区生态系统服务价值动态评估［J］. 经济研究参考（35）：50-54.
张乐勤，方宇媛，许杨，等，2011. 池州森林生态系统服务价值评估与分析［J］. 广西植物，31（4）：463-468.

张陆平，吴永波，郑中华，等，2012. 基于CITYgreen模型的苏州市森林生态效益评价［J］. 南京林业大学学报（自然科学版），36（1）：59-62.

张庆费，徐绒娣，1999. 城市森林建设的意义和途径探讨［J］. 大自然探索，18（2）：82-86.

张庆费，郑思俊，夏檑，等，2007. 上海城市绿地植物群落降噪功能及其影响因子［J］. 应用生态学报，18（10）：2295-2300.

张颖，侯元兆，魏小真，等，2008. 北京森林绿色核算研究［J］. 北京林业大学学报（S1）：232-237.

张永利，杨锋伟，王兵，等，2010. 中国森林生态系统服务功能研究［M］. 北京：科学出版社.

赵桂慎，2005. 生态经济学［M］. 北京：化学工业出版社.

赵景柱，徐亚骏，肖寒，等，2003. 基于可持续发展综合国力的生态系统服务评价研究：13个国家生态系统服务价值的测算［J］. 系统工程理论与实践（1）：121-127.

赵玲，江涛，陈俊合，等，2013. 生态经济学［M］. 北京：中国经济出版社.

赵同谦，欧阳志云，郑华，等，2004. 中国森林生态系统服务功能及其价值评价［J］. 自然资源学报，19（4）：480-491.

赵煜，赵千钧，崔胜辉，等，2009. 城市森林生态服务价值评估研究进展［J］. 生态学报，29（12）：6723-6732.

周冰冰，李忠魁，2000. 北京市森林资源价值［M］. 北京：中国林业出版社.

周红妹，丁金才，徐一鸣，等，2002. 城市热岛效应与绿地分布的关系监测和评估［J］. 上海农业学报，18（2）：83-88.

朱洪，邵丹，2014. 上海城市交通碳排放评估及控制策略［J］. 上海城市规划（2）：33-36.

邹晓东，2007. 从公共服务的政府垄断到多元化供给：面向新公共管理的政府管制研究［D］. 上海：复旦大学.

American Forests，1999. CITYgreen：calculating the value of nature［M］. Washington. D. C：American Forests.

Bockstael N E，Freeman A M，Kopp R J，et al，2000. On measuring economic values for nature［J］. Environmental Science & Technology，34（8）：1384-1389.

Boland J J，Freeman A M，1979. The benefits of environmental improvement：theory and practice［M］. Baltimore Maryland：The Johns Hopkins University Press.

Boumans R，Costanza R，Farley J，et al，2002. Modeling the dynamics of the integrated earth system and the value of global ecosystem services using the GUMBO model［J］. Ecological Economics，41（3）：529-560.

Boyd J S，Banzhaf S，2007. What are ecosystem services? The need for standardized environmental accounting units［J］. Ecological Economics，63（2-3）：616-626.

Cai W，Gibbs D，Zhang L，et al，2017. Identifying hotspots and management of critical ecosystem services in rapidly urbanizing Yangtze River Delta Region，China［J］. Journal of Environmental Management，191：258-267.

CICES，2017. Structures of CICES [EB/OL]. http://cices.eu/cices-structure/.

Costanza R，Arge A，Groot R D，et al，1997. The value of the world's ecosystem services and natural capital［J］. Nature，387（15）：253-260.

Costanza R，Daly H E，1992. Natural capital and sustainable development［J］. Conservation Biology，6：37-46.

Costanza R，Groot R D，Braat L，et al，2017. “Twenty years of ecosystem services：how far have we come and how far do we still need to go?” [J]. Ecosystem services，28（2017）：1-16.

Costanza R，Wilson M A，Troy A，et al，2006. The value of New Jersey's ecosystem services and natural capital [J]. Nature，387（1）：3-15.

Daily G C，1997. Nature's service：societal dependence on natural ecosystems [M]. Washington. D. C：Island Press.

Davies，Helen，2017. Delivery of ecosystem services by urban forests [R]. UK Forestry Commission.

De Groot R S，Wilson M A，Boumans R M，2002. A typology for the classification，description and valuation of ecosystem functions，goods and services [J]. Ecological Economics，41（3）：393-408.

Dwyer J F，Nowak D J，Noble，et al，2000. Connesting people with ecosystems in the 21st century：an assessment of our nation's urban forests [R]. Gen. Tech. Rep. PNW-GTR-490. Portland，OR：U. S. Department of Agriculture，Forest Service，Pacific Northwest Research Station.

Ehrlich R P，Ehrlich H A，1970. Population，resources，environment：issues in human ecology [M]. San Francisco：Freeman.

Farber S C，Costanza R，Wilson M A，2002. Economic and ecological concepts forvaluing ecosystem services [J]. Ecological Economics，41（3）：375-392.

Flores A，Pickett S T A，Zipperer W C，et al，1998. Adopting a modern ecological view of the metropolitan landscape：the case of a greenspace system for the New York City region [J]. Landscape and Urban Planning，39（4）：295-308.

Forman R T T，2016. Urban ecology [M]. Cambridge：Cambridge University Press.

Gobster P H，1994. Urban savanna：reuniting ecological preference and function [J]. Restoration and Management Notes，12（1）：64-71.

Gordon I M，1992. Nature function [M]. New York：Spinger-verlag.

Grey G W，Deneke F J，1978. Urban foresty [M]. New York：Wiley.

Haines-Young R，Potschin M，2010. The links between biodiversity，ecosystem services and human well-being [M]. Ecosystem Ecology：a new synthesis，1：110-139.

Halkos G，Matsiori S，2012. Determinants of willingness to pay for coastal zone quality improvement [J]. The Journal of Socio-Economics，41（4）：391-399.

Holdren J P，Ehrlich P R，1974. Human population and the global environment [J]. American Scientist，62：282-292.

Krutilla J V，1967. Conservation reconsidered [J]. The American Economic Review，57（4）：777-786.

Krutilla J V，Fisher A C，1985. The economics of natural environments：studies in the valuation of commodity and amenity resources [M]. Washington. D. C：Resources for the Future.

MA（Millennium Ecosystem Assessment），2005. Ecosystem and Human Well-Being [M]. Washington. D. C：Island Press.

MacDonald K I，Corson C，2012. 'TEEB Begins Now'：a virtual moment in the production of natural capital [J]. Development and Change，43：159-184.

Marsh G P，1864. Man and nature [M]. New York：Charles Scribner.

Nowak D J，1993. Compensatory value of an urban forest：an application of tree-value formula [J]. Journal of Arboriculture，19（3）：173-177.

Nowak D J，Crane D E，2002a. Carbon storage and sequestration by urban trees in the USA [J]. Environmental Pollution，116：381-389.

Nowak D J，Crane D E，Dwyer J F，2002b. Compensatory value of urban trees in the United States [J]. Journal of Arboriculture，28（4）：194-199.

Nowak D J，Crane D E，2000. The urban forest effects（UFORE）model quantifying urban forest structure and functions [A]. Syracuse NY. USDA，Forest Service，North-eastern Research Station，714-720.

Nowak D J，Bodine A R，Hoehn R E，et al，2018. The urban forest of New York City [R/OL]. https://doi.org/10.2737/NRS-RB-117.

Nowak D J，Hoehn R E，Bodine A R，et al，2013. Assessing urban forest effects and values：Toronto's urban forest [R/OL]. https://doi.org/10.2737/NRS-RB-79.

Nowak D J，Hoehn R E，Crane D E，et al，2007. Assessing urban forest effects and values, New York City's urban forest [R/OL]. https://doi.org/10.2737/NRS-RB-9.

Odum H T，1996. Environmental accounting：emergy and environmental decision making [M]. New York：Wliey.

Odum H T，Odum E C，Blissett M，1987. Ecoloty and ecomomy：emergy analysis and public policy in Texas [J]. Policy Research Project Report，78：1-178.

Palmer M A，Morse J，Bernhardt E，et al，2004. Ecology for a crowded planet [J]. Science，1：251-252.

Peper P J，Mcpherson E G，Simpson J R，et al，2007. New York City，New York Municipal Forest Resource Analysis [R/OL]. https://www.fs.fed.us/psw/topics/urban_forestry/products/2/psw_cufr687_NYC_MFRA.

Pimentel D C，Wilson C，McCullum R，et al，1997. Economic and environmental benefits of biodiversity [J]. BioScience，47：747-757.

Press M. 1970. Man's Impact on the Global Environment：assessment and recommendation for action. report of the study of critical environmental problems (SCEP) [J]. Mit Press.

Rogers K，Sacre K，Goodenough J，et al，2015. Valuing London's urban forest：results of the London i-Tree eco project [J]. London：Treeconomics.

Rowantree R A，1984a. Ecology of the urban forest-introduction to part Ⅰ [J]. Urban Ecology（8）：1-11.

Rowantree R A，1984b. Ecology of the urban forest-introduction to part Ⅱ [J]. Urban Ecology（9）：229-243.

Scienceman D M，1987. Energy and emergy [J]. In Pillet G and Murota T(eds)，Environmental Economics：The Analysis of a

Major Interface. Geneva：R Leimgruber.

Shaw R K，Hernandez L，Levin M，et al，2016. Promoting soil science in the urban environment: partnerships in New York City, NY, USA［J］. Journal of Soils and Sediments.

Snelder D J，Lasco R D，2008. Smallholder tree growing for rural development and environmental services［J］. Advances in Agroforestry，5.

TEEB，2010. The economics of ecosystems and biodiversity：ecological and economic foundations［M］. London and Washington：Earthscan.

Westman W E，1977. How much are nature's services worth?［J］. Science，197（4307）：960-964.

Yi Y，Zhao Y，Ding G，et al，2016. Effects of Urbanization on landscape patterns in a mountainous area：a case study in the mentougou district，Beijing，China［J］. Sustainability，8（11）：1190.

Urban Forest Ecosystem

附录1

上海城市森林生态系统服务价值评估结果发布

近年来，诸多省、直辖市和自治区评估了所在地的森林生态系统服务，指标范围包括森林游憩、净化大气环境、固碳释氧、涵养水源、生物多样性保护、保育土壤、林木积累营养物质、森林防护等，并先后向社会予以公开发布。2014年7月23日，上海市绿化和市容管理局举行了2013年城市森林主要生态系统服务价值评估发布会，首次正式向社会发布了2013年上海城市森林生态系统服务功能评估结果（附图1–1）。

附图1–1　评估结果发布会及媒体报道

经评估，2013年上海森林生态系统在涵养水源、保育土壤、固碳释氧、积累营养物质、净化大气环境、森林防护、生物多样性保护和森林游憩8项服务功能上的总价值达116.19亿元，平均每公顷森林提供的价值为12.72万元，年均每人享受森林生态系统服务价值500余元。

至2013年底，上海土地总面积超过63.4×10^4 hm^2，其中森林面积超过8.3×10^4 hm^2，森林覆盖率为13.13%。上海市林业碳汇工作办公室、上海市林业碳汇计量监测中心依据国家林业局《森林生态系统服务功能评估规范》，对全市森林资源生态系统服务物质量和价值量进行估算，不包括林木本身的资产价值、林副产品和林地自身价值。

其中，上海森林涵养水源功能即调节水量和净化水质作用，每年为3.14×10^8 m^3，产生价值近58亿元，几乎占了生态系统服务总价值的“半壁江山”。在净化大气环境功能方面，上海城市森林年提供负离子3.95×10^{23}个，年价值为114.71万元，占0.01%；吸收污染物939.05×10^4 kg，产生价值1 143.56万元，占0.1%。在提供市民休闲、度假的森林活动中，上海城市森林年游憩价值34.75余亿元，占29.91%。

上海市绿化和市容管理局（上海市林业局）副总工程师张浪表示：长期以来，人们对森林价值的认识不够全面，大多认为只有林地、林木和林副产品才有价值。通过本次评估，可全面反映林业在生态文明建设中的地位和作用，提高全民对森林价值的认识。①

项目成果“上海城市森林年生态系统服务价值达116亿元”（2013年度）经东方卫视、新民晚报、新闻晨报、人民网等各大媒体向全社会正式发布，对宣传城市绿林地的资源价值，提高市民对生态环境的保护意识，完善本市生态补偿机制以及应对城市节能减排工作起到了显著效果。

① 人民网：《上海城市森林年生态服务价值达116亿》，http：//sh.people.com.cn/n/2014/0724/c176737-21766739.html。

Urban Forest Ecosystem

附录2

上海市散生木、四旁树、疏林生态系统服务价值估算

根据上海城市林业特点，除符合城市森林范畴的林木资源外，在城市道路、河边、乡村等地区还存在大量的散生木、四旁树和疏林（以下简称“散四疏”），对城市生态系统服务同样起着非常重要的作用。本项目在估算城市森林生态系统服务价值外，参照乔木林生态系统服务价值评估的模型和相关的参数因子，从涵养水源、保育土壤、固碳释氧、积累营养物质和净化大气环境5个方面，对上海全市域尺度上的散四疏的生态系统服务价值进行了估算。

以2013年为例，上海市散四疏生态系统服务价值为20.92亿元，其中，涵养水源17.04亿元、保育土壤1.44亿元、固碳释氧0.61亿元、积累营养物质0.086亿万元、提供负离子0.006 1亿元、吸收污染物0.054亿元、降低噪声0.67亿元、滞尘1.01亿元。

1. 涵养水源

散四疏年调节水量（净化水质）9 236.75×10^4 t，年涵养水源产生价值170 418.00万元，其中年调节水量产生价值138 551.22万元，年净化水质产生价值31 866.78万元。

2. 保育土壤

散四疏年固土量107.75×10^4 t，年保肥量4.72×10^4 t。散四疏年保育土壤产生价值14 422.71万元，其中年产生固土价值2 770.23万元，年保肥价值11 652.47万元。

3. 固碳释氧

散四疏生物量年变化量为增加4.43×10^4 t，年吸收二氧化碳量7.96×10^4 t，年释放氧气量5.81×10^4 t。散四疏年固碳释氧价值6 077.43万元，其中年固碳价值262.83万元，年释氧价值5 814.60万元。

4. 积累营养物质

散四疏年积累营养物质745.51 t，年积累营养物质产生价值858.67万元。

5. 净化大气环境

（1）提供负离子

散四疏年提供负离子1.84×10^{23}个，年产生价值为60.77万元。

（2）吸收污染物

散四疏年吸收污染物440.57×10^4 kg，年产生价值537.45万元。

（3）降噪

散四疏年降低噪声价值为6 700.76万元。

（4）滞尘

散四疏年滞纳粉尘量为67.41×10^4 t，年产生价值为10 110.09万元。